U0692457

零基础 Vlog
短视频制作入门核心技法

Leo 叔叔爱摄影 ———— 著

人民邮电出版社

北 京

图书在版编目（ＣＩＰ）数据

零基础Vlog短视频制作入门核心技法 / Leo叔叔爱摄
影著. -- 北京 : 人民邮电出版社，2025.8
ISBN 978-7-115-61569-5

Ⅰ．①零… Ⅱ．①L… Ⅲ．①视频制作 Ⅳ.
①TN948.4

中国国家版本馆CIP数据核字(2023)第071873号

内 容 提 要

　　Vlog短视频作为社交媒体主流内容形态，既是记录生活、传递情感的数字化载体，也是创作者
与受众建立情感连接、引发价值共鸣的重要媒介，更是个人品牌塑造与商业价值转化的创新工具。

　　本书是专为短视频Vlog创作新手打造的实用指南，全书以"理论+实操"的双线模式展开，涵
盖从策划、拍摄、剪辑到特效全流程核心技能的系统讲解，还将书中重点内容的视频教学资源随书
附赠。通过阅读本书，读者将全面掌握Vlog选题定位、镜头语言运用、剪辑逻辑构建、剪辑实操技
法、添加特效等核心技能。无论是生活记录者、技能分享者还是商业创作者，均可通过本书实现从
零基础到专业创作的能力跃迁，最终达成个人IP打造与内容价值转化的双重目标。

◆ 著　　　Leo 叔叔爱摄影
　　责任编辑　白一帆
　　责任印制　周昇亮

◆ 人民邮电出版社出版发行　　北京市丰台区成寿寺路 11 号
　　邮编　100164　电子邮件　315@ptpress.com.cn
　　网址　https://www.ptpress.com.cn

　　北京九天鸿程印刷有限责任公司印刷

◆ 开本：690×970　1/16
　　印张：18.75　　　　　　　2025 年 8 月第 1 版
　　字数：500 千字　　　　　　2025 年 8 月北京第 1 次印刷

定价：119.00 元

读者服务热线：(010)81055296　印装质量热线：(010)81055316
反盗版热线：(010)81055315

前言
PREFACE

如今Vlog越来越火，经常会有朋友问我：怎么创作Vlog？是不是需要购买一台专业相机？不会用电脑剪辑怎么办？用手机能不能进行拍摄和后期剪辑？面对这些问题，我基本上有问必答。在这个过程中，我也逐渐发现了一个问题，那就是很难给新手系统地讲明白应该如何创作Vlog。我也向新手推荐了一些网上教程让他们自行学习，但是效果并不是很好，原因是这些教程的内容大多很零散，以单点技能教学居多，很少有针对新手的系列教程；而那些相对比较系统的系列教程的内容又基本上是专业软件的教学，虽然讲得比较深入，但是对于新手来说，学习的难度比较大。

这让我产生了一个想法：写一本系统的、浅显易懂的、实操性强的Vlog制作图书。如果你刚好开始对Vlog感兴趣，想做但是不知道从哪里开始，那么本书就非常适合你。

扫码回复"61569"
领取本书配套视频课程

目录
CONTENTS

进入Vlog的世界

本章将介绍 Vlog 制作入门的相关知
识，包括 Vlog 的基本概念、拍 Vlog
的原因、优质Vlog 的共性、Vlog 选题、
如何做 Vlog 策划、写好 Vlog 标题的
12 个技巧，以及如何精通 Vlog 制作。

Chapter One

1.1
初识Vlog

Vlog 是什么

Blog的中文译名是博客，而Vlog则是从Blog延伸出来的概念，是Video Blog（视频博客）的英文缩写，它是用视频的方式记录生活的一种媒体形式。

有时候我们还会见到Vlogger这个词，它是在Vlog后加了"ger"3个字母所形成的，表示创作Vlog的人，也就是"你"。

为什么要拍 Vlog

第一，拍Vlog会让你感觉更幸福。吃饭、遛狗、看电影、旅游等都能被拍成好看的Vlog，当你把这些Vlog分享出去后，别人的羡慕、夸赞会增强你的幸福感，让你突然觉得你的生活是如此多姿多彩。当你老了，坐在摇椅上，听着《最浪漫的事》，戴上老花镜，和老伴儿一起看这些Vlog的时候，你会热泪盈眶；当你的孙子看到这些Vlog时，他会感叹，"原来爷爷奶奶是这样生活的！"

第二，拍Vlog能够"治好"你的"拖延症"。如果你能坚持下来，你的成就感和粉丝就会催促你更新内容，原本悠闲的你会变得忙碌，以前的拖延症也会被迫"治愈"。

第三，拍Vlog可以过一把当导演的瘾。很多人都有一颗文艺的心，看到美好的事物常会生出许多情感，此时Vlog就是情感最好的载体，你可以借此表达自己的情感。

第四，拍Vlog会让你交到很多志同道合的朋友。Vlog会让更多的人认识你，帮助你在网络上认识很多有相同爱好的朋友，这种友谊有时甚至会发展到线下见面、聚会的程度。

优质 Vlog 的共性

1.时长通常在1分钟以上的原创视频

时长少于1分钟的视频一般很难完整地表达一个想法。但我也不建议你在初期做太长的视频，因为从理论上说，时长在5分钟以上的视频已经在考验观众的耐心了，除非你的视频很精彩。

另外，保证Vlog的原创性也非常重要。就算不是你拍的视频，比如合理的二次剪辑的视频，你也要用心地加上自己的画外音、字幕等专属元素。各大视频平台对于原创视频也会有更大的推荐力度。

2. 有特点

视频内容有特点，就是指你的视频内容和别人的内容有差异。这种差异可以来自前期的选题和策划，也可以基于人物设定（以下简称人设）的独特性，还可以是视频画面独特的色调、有特点的剪辑方式等。

3. 真实

Vlog的最大特点就是真实，观众也往往是因为这一点才来看你的Vlog的，所以，你在拍Vlog时做自己即可。真人出镜，最好露脸，让观众看到你的真实生活。你没必要假装，也不用去扮演别人，观众如果想看电影就去电影院了，况且弄虚作假你也坚持不下去。

4. 主题明确

要让观众看完你的Vlog就能知道Vlog的主题，如果观众在看完你的Vlog后不知道你要表达什么，那这部Vlog就是失败的。写作文时，老师总会强调"作文要有中心思想"，我们拍摄Vlog也是一样的，要避免流水账。

5. 有互动

在Vlog中，你要和场景中的人、景、物有互动。比如你在拍带大家逛街的Vlog时，看到喜欢的商品要表达出来，也可以和店员交谈，或介绍路过的门店。要和镜头做朋友，和观众有互动，比如问好、介绍、提问等，让观众有代入感和参与感。

6. 场景丰富

多切换场景，避免一直在单一的场景中拍摄。观众需要新鲜感、刺激感，单一的场景会让观众昏昏欲睡，随时有可能关掉视频。如果是坐在某个地方录制解说类视频，你就要尽量在视频中多插入其他的说明性画面。视频应尽量保持节奏紧凑，重点突出。

7. 横屏16：9

绝大多数视频平台的主流播放视频比例为横屏16：9，视频如果是竖屏拍摄的，在播放时就会出现左右两条黑边，不仅难看，还将画面缩小了，影响观看。如果你的视频是要上传抖音等短视频平台的，那就另当别论。

另外，由于横屏拍摄和竖屏拍摄的比例和观感不同，二者在拍摄和表达方式上也有很多不同。

8. 叙事完整

一部Vlog的内容其实就是一个小故事，就像写小说一样，开端、发展、高潮、结尾缺一不可。当然你可以调换顺序，使用倒叙手法，给观众留下悬念。

9. 高质量画面

一部Vlog要想达到60分的及格线，画面质量是关键：画面清晰、无明显抖动、无黑屏、无卡顿、声音清晰、声音和画面同步。如果你的Vlog频繁出现画面模糊、声音不清晰等问题，观众会毫不犹豫地关掉你的视频，转而去看其他画面质量更高的视频。

10. 完善的后期

除了前面讲到的前期流程，后期也同样重要。比如，我们最好在视频里添加字幕，因为我们的观众来自各地，你能保证所有观众都能听懂你在说什么吗？

在视频中需要解说的地方加入画外音，会让你的视频显得更专业，也会让观众更清楚你想要表达什么。

添加背景音乐。一段视频有背景音乐和没有背景音乐有天壤之别，好的背景音乐会放大你要表达的情绪，渲染气氛。

视频包装。在视频里添加好看的标签、标题，使用合适的调色方案、转场效果、音效，会让视频显得更专业。

添加好的封面图和标题。很多新手都会忽略封面图和标题，而直接把视频的文件名作为标题，随便在视频里截一张图作为封面图。我要告诉大家的是，一定要重视封面图和标题。因为封面图和标题决定了观众是否会点开视频。如果封面图和标题无法吸引观众，那么你的视频内容再好看也很可能无缘和观众见面。

11. 内容持续更新

如果你决定好好创作Vlog，那么就你要有规律地持续更新内容，千万不能三天打鱼，两天晒网，否则好不容易积攒的粉丝和人气就会流失。合适的更新频率一般是每周更新3次；如果视频制作很复杂，那么你也可以每周更新1次。

日更（每天更新）是最好的锻炼自己的方式，不妨挑战一下自己。拿我自己举例，我最初坚持日更了2周的时间，视频质量也还不错。当然那时我压力很大，每天很晚才睡觉，但是坚持下来后发现真的收获良多，就在那2周，我直接从新手进阶为熟手了。

12. 对观众有帮助

好的视频要能帮助到观众。只有帮助到观众，观众才会感激你，继而才会给你点赞、投币并分享、收藏你的视频。有了这些数据，平台才会认为你的视频是好视频，才会将其继续推荐给更多的人，这样你的视频数据就会水涨船高，越来越好。

怎么才算对观众有帮助？比如让观众学到新技能或新知识、开拓视野、学到新的思考方式、对内容有强烈共鸣、感觉内容有趣等。

13. 创作者人设清晰

人设是什么？人设就是人物设定，就是你在观众面前是一个什么样的人，也就是你的标签。这个标签短期内最好不要改变，不能今天还是一只温文尔雅的"小奶猫"，明天就变成了咄咄逼人的"小狼狗"，这样观众就会感到迷惑了。

如果你不知道自己是什么人设，别急。我简单总结了以下常见的人设构成元素，你可以根据自己的特点选择其中的几个元素来构建自己的人设。切记不要扮演他人，要做自己，要把自己的人设清晰地总结出来。

人物分类：比如兄弟、闺蜜、情侣、夫妻、主人和宠物、父母和孩子（亲子类）、虚拟形象（卡通人物）等。

外在形象：比如你在每期Vlog中都穿相同风格、相同颜色的衣服，每次都化相同风格、有特点的妆容，每次出镜都佩戴相同的饰品、戴相同的帽子、背相同的背包等。

说话方式：你可以给自己设计一组固定的问候语和结束语，每期都说，观众一听到这两句话就知道是你。问候语和结束语既可以用普通话说，也可以用方言说，因为乡音会吸引同乡，也会增强Vlog的观赏性，比如东北话。如果你的声音很有特点，那么太好了，无论是御姐音、萝莉音还是播音腔，都可以变成你的标签。

个性化的专属音乐：你可以给自己挑选一段专属音乐并且每期都播放，让观众一听到这段音乐就知道是你。

固定的视觉效果：你可以在视频里加入专属Logo、片头、片尾、水印、固定的转场效果、专属的色调等，用专业术语来说，就是应用视觉识别系统。当然这属于进阶内容，新手可能很难搞定，如果你感兴趣，具体内容我会在后面的进阶章节详细阐述。

性格、情绪：比如喜欢傻笑、语言犀利、乖巧、喜欢咆哮、严肃正经、大大咧咧、霸道等，这些性格或情绪上的特点也有可能变成你的标签。

特长、兴趣：如果你在某个领域是一个"达人"，比如健身、美容、做饭、收纳、旅游、潮流搭配、品尝美食、唱歌、跳舞、讲笑话、摄影、画画、养花等，这些也有可能变成你的标签，观众可能一想到相关内容就会来看你的视频。

职业：你也可以将你的职业打造成你的标签，比如程序员、农民、医生、律师、教师等。另外，别小看你的职业，尤其是一些比较少见的、有特点的职业，你可以把日常工作中有意思的事情做成Vlog，这类Vlog通常很受欢迎。

TIPS ◆ 用一句话总结自己的人设

参考公式：兴趣/特长+性格+外在形象+人物分类+职业 +地点+ "的一天/日记/日常"。

参考例句：一个喜欢摄影和Vlog，也喜欢教人创作Vlog的前北京互联网产品大叔在威海的退休生活。

用这个公式总结出来的人设可以作为你的账号简介和标签。始终保持一致的人设，你的观众才会记住你。

1.2
Vlog选题

选题其实就是根据你的人设选择合适的内容创作方向。虽说万物皆可作为选题，但是有的选题对观众的吸引力可能就是不强。下面就来说说如何确定选题。

确定自己的选题方向

如果你热爱生活中的某一件事情，并为之投入了大量精力，比如你很喜欢摄影、拍视频，那你就可以以此为选题方向。

长期坚持同一件事情，就会很熟悉这件事情，那么你很有可能已经是这方面的"达人"或专家了。"1万个小时理论"阐述的正是这个道理：只要你坚持做一件事情1万个小时，你就有可能成为这方面的专家。如果刚好你的爱好很罕见，而你又做得很好，那么在这种情况下，你可以把你的经历梳理一下，做成Vlog分享给大家。

> **TIPS ◆**
> 因为热爱某一件事情，所以能长期坚持下去！

记录突发状况

Vlog最好看的地方就是最具真实性的片段，所以突发状况一般都很吸引人。要想拍到真实好看的镜头，你需要养成随时开拍的习惯。无论使用手机还是相机，你都应养成携带拍摄设备出门的习惯，这样才能随时随地记录生活。

寻找热门视频和自己的爱好或技能的交集

你应每天坚持看大量他人拍摄的Vlog，尤其是那些热门的、浏览量高的视频。如果视频里说的这件事刚好你也会做，还很擅长，那么你就可以做一期类似的选题视频。这样可以保证你辛辛苦苦创作的Vlog是有热度的。

TIPS ◆

不要抄袭，但你可以借鉴他人的选题，自己发挥，做出你自己的特点，甚至可以想想热门视频有什么不足，你能否做到更好。

去一个新地方

一般情况下，去一个新地方可以让你有新的感悟和新的想法。如果这个地方刚好有很漂亮的景色，那就太好了，这可能会成为一个十分吸引人的选题。

变化带来灵感

创作了大量的Vlog后，你很容易陷入瓶颈期，但是当人生发生变化的时候，你一般都会获得很多新的想法和感悟，这些想法和感悟很可能会引起观众的共鸣，可以用作Vlog的素材。比如我在北京生活了21年，以前一直在某互联网公司做产品，后来搬去威海，现在自己运营自媒体，这段经历就是很好的选题。

内容垂直

内容垂直是指你的视频内容方向要保持一致，这和你的人设也有关系，你最好不要今天做摄影教学，明天做吃播，后天又做二次剪辑的电影介绍，这些风马牛不相及的内容会让你的观众感到困惑，也不方便你建立稳定的人设。你想一想你关注的"大V"是不是基本只做一类内容呢？

那么你的Vlog里就不能出现别的内容了吗？当然不是。如果你要添加其他内容，需要做到两点：一是保证这些内容要和视频的主要内容相关；二是控制程度，比如做搞笑类Vlog，如果只是在正常输出内容时表现得很幽默，就很好，但是如果你挖空心思地搞笑，不如就专门做喜剧内容。

1.3
如何做Vlog策划

确定Vlog选题之后，就要开始策划Vlog内容，也就是拟定拍摄脚本了。

策划的目的

策划的目的是让拍摄更顺利、更有序，让剪辑更简单，保证最后输出的内容质量。

很多新手可能已经发现，自己常常兴致勃勃地出去拍Vlog，结果到了现场不知道说些什么，只能说说"今天天气不错。空气不错，我的心情也不错"之类的话，最后自己都觉得尴尬。

还有人出去就是胡乱拍，结果剪辑时根本无从下手，剪出来的内容也是颠三倒四的，自己都不知道自己在说什么。因此，如果条件允许，我们在拍摄前一定要做策划、写脚本，有的放矢，不要浪费时间。

怎么写策划方案

先给大家介绍一款我写策划方案时常用的软件：幕布。这款软件操作简单，使用方便，有Windows客户端、Mac客户端、iPhone客户端和Android客户端，如图1-1所示，所有客户端都可以互通。在一个客户端上写完，用户在任意其他客户端上都可以进行修改。它的特点就是用户可以方便地建立大纲，然后慢慢补充细节，以便进一步梳理逻辑和结构。

图1-1

策划方案的结构

1. 开篇

开篇一般是对本期内容的介绍和自我介绍，以便观众了解你是谁，以及本期内容是什么。

2. 内容大纲或重点

这部分可以把要讲的事情的发展过程、重点列出来，也可以准备逐字稿，甚至可以把台词写好。我在制作教程相关视频的时候通常会这么做，这样做的好处是很容易控制内容的走向，不至于说着说着就跑题了。

3. 场景和镜头规划

需要拍外景的时候，你需要大概规划一下场景和镜头。比如新到一个地方，需要先拍全景，再通过自拍介绍景点，然后加上一连串无缝转场的好看的镜头等。想好了再拍会让你事半功倍。我一般会把场景、镜头和内容大纲写在一起，类似于设置一个时间轴。这样做的好处是拍摄时可以直观地看到某个节点应该怎么拍，台词应该怎么说。

4. 后期剪辑要点

我一般会把剪辑的要点写出来，比如在哪个地方应该配一个什么标题、配什么音乐、用什么色调、设置什么转场效果等。虽然真正剪辑的时候通常会做调整，但是这样的规划确实会让我的剪辑顺利和迅速很多，不至于到剪辑的时候再去想该怎么做，我也会把后期剪辑要点穿插在内容大纲里，这样比较方便。你可以把这些要点用不同的标识和颜色分类标注出来，以便在拍摄或剪辑的时候浏览。

5. 结尾

结尾一般是本期内容的总结，你如果已经规划好了下一期节目，也可以进行预告。还有一件非常重要的事，那就是向你的观众点赞、评论、投币、收藏、关注。因为这些数据越好，就越有助于你的视频被平台推荐给更多用户。因为平台会根据视频的优劣来判定是否要将它推荐给更多用户，其主要依据就是以上这些数据。

TIPS   ◆   **认真搜集相关信息**

做策划的时候你可能还不够了解你要做的事情，比如去一个新地方旅拍，做一期硬件的开箱视频等。此时你就需要善用搜索引擎，去了解这件事情。比如你要旅拍，就要做详细的攻略，全面了解你要去的地方：路线、景点、人文环境、购物场所等。这样既方便了你的旅行，也方便了你的拍摄，最重要的是这样你才知道在现场可以说些什么。

TIPS   ◆   **你需要发挥想象力**

做策划需要发挥想象力，因为需要拍摄的事情还没有发生，需要拍摄的地方你可能还没去过，但是你要在脑海里都过一遍，有些画面和过程要靠你想象出来。

1.4
写好Vlog标题的10个技巧

写一个既能概括Vlog内容，又自带吸引力的标题是非常难的。

你如果想走得更远，拥有更多的观众，就绝对不能只在乎Vlog本身。很多新晋博主每期都在辛苦拍摄、剪辑视频，最后随便写了一个标题，就将视频草草上传平台，后来一看，自己视频的播放量少得可怜，这可能就是标题没取好造成的。在本节，我便将自己总结的12个标题写作技巧分享给大家。

善用数字

标题中带有具体数字会让观众觉得视频信息含量高、专业度高、逻辑性强，比如"10条经验""6个建议""8个技巧"等，适用于经验分享、教程、好物推荐等类型的视频。

例子如下。

粉丝从1000增长到10000，我用了1周，新手"涨粉"技巧大公开

20年，25元，换来的10条摄影器材购买忠告

女孩卖早点13年，生意火爆，凌晨6点就有人排队

使用"如何体"

"如何体"是最实用的基本标题模板之一，观众通过阅读标题就可以知道视频的主题是什么，视频内容可以解决什么问题，自己可以从中得到什么。如果内容刚好是观众感兴趣的，视频被点开的概率是非常大的。

例子如下。

产品经理如何写好个人简历

我是如何把一家公司开垮的

如何策划出自媒体时代最稀缺的内容

创造疑问

当我40岁时，我在想什么？

我为什么辞掉年薪100万元的工作？

对于20多岁的女孩来说，最重要的是什么

在看到上述3个标题时，你是不是很想点进去看一看？这就是常见的疑问标题，其作用是借助疑问让观众产生好奇心，从而点开视频一探究竟。

疑问句式又可以分为以下两种。

1.自问自答

自己提问，自己回答，但是真正的答案不在标题里详细说明，从而留下悬念，吸引观众点开视频寻找答案。

例子如下。

为什么你的视频播放量少得可怜？这就是原因

每逢佳节胖3斤？那是因为你没掌握这些吃东西的技巧！

做自媒体真的可以赚钱吗？这些博主以亲身经历告诉你答案！

2. 疑问

疑问的语气很容易引发观众的思考，也很容易激发观众的兴趣，从而让观众产生点进来找答案的欲望。

例子如下。

曾经估值400亿元的科技公司为何只剩下不到10人？

如果没有参加高考，他们会怎样？

为什么不好惹的人反而更受欢迎？

制造反差 / 对比

在标题里设置两个对立的观点或者反差巨大的两个事物，会很容易引起观众的好奇心，对比越强烈或反差越大，观众的点击欲望就越强烈。

例子如下。

不是你不努力，而是你太着急

价值3000元和价值30000元的文案的区别

我愿意帮你，但请你先照顾好自己

制造悬念

在标题里制造悬念，隐藏一部分信息，可以引起观众的好奇心，促使其打开视频观看关键内容。

例子如下。

都2022年了，这些谣言还有人信

10年前的支付宝账单，看到最后一条"泪奔"了

这5个快捷键，让你节省一半的剪辑时间

我是有多喜欢这个姑娘，才能写出这样的情书

但是一定要注意，不要做"标题党"欺骗观众，否则后果可能会很严重！

追热点

我们之所以追热点，是为了有一天成为热点！网络流行语、热点事件本身自带流量，在各个视频平台上都是热词，如果你在标题里加入这些热词或者你的视频内容本身就和它们相关，那效果应该会很好。

例子如下。

毒鸡汤教不会人辨别真爱，只能让人变巨婴

电影里的经典桥段，在编剧中的实际应用

不努力，你都不知道自己有多优秀

使用两段式

这种标题分为两部分，前面是总结性的形容词或动词，后面是主题，比如著名的"震惊体"。类似的词还有愤怒、喜讯、高效、定了等，不过这种标题如果没用好，反而会让你的标题变得很低级。

例子如下。

震惊，无法吸引精准粉丝的原因竟然是这个

揭秘：如何策划播放量超过10万次的"爆款"视频

高效：这10个Premiere的快捷键你一定要知道

使用肯定的语气

这种标题的特点就是常用肯定语气表示强调，比如必须、不得不、千万要看、一定等，给人一种紧迫感和不看会后悔的感觉。这种标题如果结合数字使用，效果更佳。

例子如下。

如果你热爱摄影，千万要记住这10条铁律

做自媒体之前，你必须知道的5件事

出国旅游，一定要去的7个"打卡"地

2022年一定要看的10部电影

贴上群体标签

在标题中加入群体标签，可以吸引特定的群体观看，这个群体不能太小，并且最好在某方面具有一些独特之处。

例子如下。

优秀的人，懂得守口如瓶

割麦子，"80后"农村孩子的集体童年回忆，"00后"看不懂的视频

新手宝妈讲述自己当妈前和当妈后的区别

描述画面

在标题里加入对关键画面的描述，可以增强标题的画面感，让观众感觉身临其境，这个技巧适用于写美食类、旅拍类、影视类视频的标题。

例子如下。

教你一个五花肉的新吃法，做法简单，做出来的五花肉肥而不腻，全家人都抢着吃

3分钟看完恐怖片《变种鲨鱼》，高智商妹子反杀怪物，超震撼！

国外小哥跳入装有1000个老鼠夹的箱子，光听声音就觉得疼！

水深40米，裸眼即可欣赏的"银河"，这个湖此生必去

以上10个技巧也可以组合使用，效果更好！建议大家平时在看到好的标题时，将其收藏起来或摘录下来，再通过不断地练习、观察、总结，你的标题一定会越写越好！

再次提醒，标题可以适当夸张，但你不要做"标题党"，绝不可以欺骗观众，并且平台也会打击虚假标题。

1.5
如何精通Vlog制作

找到进步的动力

一个人进步的重要原因是足够勤奋，一个人之所以懒惰，是因为害怕付出的成本和得到的回报不成正比，也就是认为投资回报率太低，所以选择不付出。

我们来看看拍Vlog的回报是什么。

（1）你记录了自己的人生。当你老了，你可能已经积累了很多记录了自己的成长、欢笑、沮丧、悲伤、感动的视频，你每次观看或许都会热泪盈眶。

（2）你如果晋级为一个成功的博主，除了有不错的收入以外，还可以享受成就感。

（3）在这条路上，你还会交到无数志同道合的朋友。

（4）如果你已经进步了，那你一定学会了很多新知识、新技能，如策划、文案、设计、拍摄、剪辑、运营等，这些是谁也拿不走的财富。

你只需要勤奋起来，就有可能得到这些回报，我觉得这比买彩票中奖的概率大多了。

你找到进步的动力了吗？

找对学习方法

学习前，要先找对学习方法。方法对了，才能事半功倍。

1.善用搜索工具

在如今的互联网世界中，似乎已经没有什么找不到了。除了百度以外，还有很多垂直搜索平台，它们其实就是各种各样的内容平台，有很多博主每天都会贡献内容。一般来说，你只需要搜索几个关键词，马上就可以找到你要的内容。下面介绍3个常用的搜索平台。

（1）知乎是一个知识社区，一般来说，你直接搜索就能找到很多想要的内容。

（2）哔哩哔哩俗称B站，拥有很多知识类视频，比如拍摄、剪辑教程。

（3）微信。你可能会感到惊奇：什么？微信也能搜索？没错，不信你搜几个关键词试试，很多知识其实就藏在微信公众号里，如图1-2所示。

2.记不住就写下来

俗话说："好记性不如烂笔头。"重要的知识建议你记下来，至少要收藏，以便忘了的时候翻出来再看看。你可以下载一款笔记App，看到重要的知识时直接将其复制粘贴到笔记App中，省去写字的时间，我推荐大家使用印象笔记和有道云笔记。最重要的是要养成定期回顾笔记的习惯，否则你只是记了笔记，并没有真正学到新知识。

3.学完记得练习

很多人总说："一学就会，一做就废。"其实他门根本就没有做，一看完教程就把它扔进收藏夹了。理论结合实践才是学习的终极奥义，只有重复练习，你才能记住并学会运用方法。

图1-2

4.遇到问题再解决问题

很多新手喜欢看系列教程，比如几十集的《Premiere从新手到精通》，但看完后还是一个视频都剪不出来。且不说这类教程大都枯燥无味，更重要的是你现在根本不知道自己的问题是什么。所以，你不如先下载软件，开始剪辑，遇到问题了再去找，找到解决方法后再继续剪辑，循环往复，以保证较高的学习效率。

学会基本操作后，你就可以正式开始剪辑视频。因为要急着发片，在这种压力下，你的学习效率自然相对较高。此外，一款软件的常用功能最多占其全部功能的30%，你没必要当下把全部功能都学一遍，以后需要时再深度学习也不迟。

看到最美的自己

先送给你两句话："这个世界除了你自己谁也无法伤害你""这个世界除了你自己也没有人那么在意你"。

找到自己的优势，也别介意露出短板。自媒体这个行业很有意思，似乎完全不符合木桶理论，情况反而是，只要你有块"板子"足够长，就很容易把自己的账号做成功。如今的观众喜欢有个性的博主，也喜欢接地气的博主，但最看重的还是内容，所以要吸引观众，你就要把注意力集中到创作好的内容上来。

利用短期目标"治好""拖延症"

"拖延症"是非常难"治"的，患上这"病"的都知道自己有"病"，但就是不改。不过如果你想"治疗"，我就介绍一下自己使用的办法：做计划。

人人都会做计划，脑海里的也好，本子上的也罢，总有各种计划，但是能被执行的计划少之又少，究其主要原因，无非就是以下两点。

1.计划得太长远

很多人恨不得制订个3年计划、5年计划，实际上除短期计划外，如果没有人盯着，没有助手帮着，后面的计划通常会超出你当初的预想，做了也是无效的。

2.计划没有清晰的目标，行动就没有清晰的标准。

我们只需要把计划的周期缩短，比如今天做明天的计划，最多做一周的计划，同时把计划的执行标准尽量写详细一点。比如，"明天学习Prmiere，目标是学会剪辑的基本操作"。

晚上睡觉前，应当回顾一下计划，检查一下行动和计划是否一致，还可以设置奖励和惩罚。比如连续一个月达标，奖励自己买台相机；一个月累计3次没完成计划，惩罚自己半年不买衣服。一旦养成习惯，你将变成一个行动上的巨人。

用同理心看世界

我以前是产品经理，产品经理有一项技能，那就是具备很强的同理心。什么是同理心？同理心就是站在对方的角度看问题、分析问题的能力。作为一名博主，如果你能够站在观众的角度看问题，就可以看到观众对内容的喜好和需求，按照观众的喜好和需求定制的视频内容，会更受欢迎。

新手如何选择拍摄Vlog的设备

"工欲善其事，必先利其器。"本
章主要讲解新手如何选择拍摄 Vlog
的设备，包括拍摄 Vlog 的设备诉求、
第一次拍摄 Vlog 的设备和配件购
买建议、拍摄 Vlog 的进阶设备和
配件购买建议。

Chapter Two

2.1
拍摄Vlog的设备诉求

在推荐拍摄Vlog的设备之前，我要先分析一下拍摄Vlog的设备诉求具体如下。

1. 画质够用

画质对于Vlog来说几乎是最重要的因素，我认为其重要性仅次于故事性的重要性，所以你应尽量选择画质够用的设备。

注意，不是画质好，而是画质够用，够拍Vlog用。追求极致画质的道路对于普通人来说几乎没有尽头，也没有意义。一台全画幅单反相机画质固然好，但是不仅价格很高，便携性也很低。

2. 方便携带

很多Vlog都是在户外拍摄的，所以设备的便携性很重要，如果设备太重或者体积太大，你可能会慢慢丧失拍摄的兴趣。

另外，在一些公共场合，体积过大、看起来专业的相机过于引人注目，会让拍摄对象紧张，甚至怀疑你的拍摄动机或拒绝拍摄。手机或者便携式卡片机就方便很多，路人会感觉你只是随便玩玩，通常不会感到紧张。

3. 防抖

严重晃动的画面会让观众产生不适、恶心、头晕的感觉，然后他门就会关掉视频。所以你应尽可能地选择防抖性能好的设备，或者采用一些可以减少抖动的拍摄方式。

4. 收音清晰

收音应该是新手最不重视的一点，但是一旦开始拍摄Vlog，你就会很快意识到它的重要性，因为听不清声音的Vlog没有人会喜欢看。

Vlog的很多拍摄场景都在户外，这些拍摄场景经常会出现各种各样的环境噪声，这些噪声会影响观众观看视频的体验，尤其是当你希望观众听清楚你说的话的时候。比如你在介绍某个景点或者描述激动心情的时候，噪声会很煞风景。所以选择一款收音效果良好的设备，或者干脆加一个外置的话筒会让你事半功倍。

当然也有一些拍摄技巧和后期方法可以改善收音效果不佳的问题，比如使用软件降噪。但是后期也不是万能的，所以你在拍摄时就采集清晰的声音是最好的选择。

5. 操作简单

且不说新手，就是我这样的熟手，有时在外出拍摄的过程中也会手忙脚乱，尤其是碰到突发状况时，等你掏出相机，调好参数，想拍的瞬间通常已经消失了。所以拍摄设备的操作越简单越好，能拍到比能拍好更重要！

2.2
第一次拍摄Vlog的设备和配件购买建议

在推荐设备之前，我先说几条建议。

1. 预算够的话，买新出的设备

数码设备更新换代很快，新出的设备基本上都更好用。买上一代产品固然会省下一些钱，但是很容易后悔，毕竟我们可以在很多地方省下那几百块钱，可能就是少在外面吃一顿饭的事，但是设备间可能有较为明显的差异。

2. 买主流设备

买设备一定要挑主流的买。一些小众产品可能会有某些独特的卖点，但是其他方面可能有很多问题。要相信大众的选择，少走弯路。

3. 用好已经有的设备

如果你已经购置了一堆设备，我建你先把它们用好。因为当你真正开始创作的时候，你才会发现各种设备在正常状况下拍出来的画面都差不太多。而且现在大家基本上都使用手机观看视频，观看体验真的差别不大。

4. 先开始拍摄，再升级设备

当你真正开始创作Vlog的时候，你才会真正了解自己的真实需求。比如你喜欢滑板、滑雪等运动，并且已经开始拍摄Vlog，那么你就会发现自己需要一台运动相机。再如你一直使用卡片机进行拍摄，并且对创作Vlog产生了浓厚的兴趣，也有了一定的技术积累，想进一步拍出那些酷炫的画面，那么此时你可能需要的是一台全画幅微单相机和一个便携稳定器。也有可能你用手机拍了一阵子Vlog以后，感觉这件事很无趣，根本无法坚持下去，那就没必要再升级设备了。

说了这么多，我无非是想告诉大家：设备不是最重要的，重要的是你的兴趣和创意。所以我的建议是，如果你从来没有拍过Vlog，那就先用手机开始你的第一次拍摄吧，具体原因如下。

1. 手机的画质够用

现在，新出的一些旗舰机的画质已经非常优秀了，手机的拍照能力也被厂商拿来作为卖点吸引用户。而且你要清楚你的拍摄目的是拍Vlog，大部分Vlog都是从记录生活开始的，手机的画质完全够用。

2. 手机更便携

没有什么拍摄设备能比手机更便携了，现代人出门时，手机是必带的，遇到值得拍的东西时，你掏出手机就能拍。还是那句话，能拍到比能拍好更重要！

3. 手机的操作简单

如果你连手机拍摄都玩不明白，你觉得自己有可能玩明白相机吗？

4. 手机可以完成Vlog制作全流程

手机应用市场中有很多非常好用的拍摄App和剪辑App，我们完全可以用手机完成所有的Vlog制作流程。

5. 手机美颜更方便

相机基本上都不具备美颜瘦脸功能，虽然我们在后期能制作出这些效果，但是非常麻烦。使用手机就简单多了，一般来说，随便打开一个美颜拍照App拍摄都会让拍出的人物好看很多，比如使用B612咔叽拍摄的我（见图2-1）就要比直接使用相机拍摄的我（见图2-2）帅很多。

图2-1

图 2-2

6. 暂时不用学习电脑剪辑

用相机拍摄意味着必须学会电脑剪辑，我是没见过用相机拍完视频还把视频导入手机进行剪辑的人，这样做不仅麻烦，效率也低。

总结：新手刚开始拍摄Vlog时最适合用手机，熟练之后再升级设备也不迟。

推荐购买的配件

1. 便携三脚架

直接拿着手机也不是不能拍，但是会有一些不方便的地方，我推荐大家购买一个便携三脚架（见图2-3）和一个手机夹（见图2-4），把手机夹安装在便携三脚架上拍摄，画面会更稳定。

TIPS ◆

需要注意的是，如果手机夹需要装在比较大的专业三脚架上，中间则需要使用快装板进行连接。

图 2-3

图 2-4

自拍的时候延长自拍距离，可以显脸小。图 2-5所示就是我用手机自拍的画面。便携三脚架 的手感比手机的手感舒服，握持三脚架拍摄时， 画面会更稳定，拍摄角度也更好掌握。

图2-5

我们可以把便携三脚架放在任意位置上，拍 摄固定机位的镜头，如图2-6所示。

利用三脚架拍摄一些特别的镜头，比如延时 视频、长曝光的夜景，如图2-7所示，可以增强 Vlog的观赏性。

图2-6

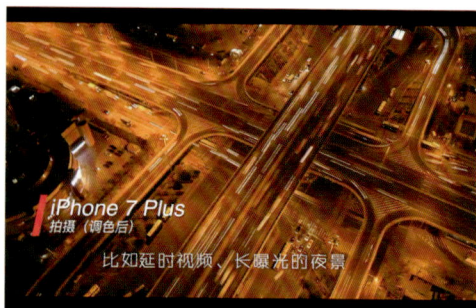

图2-7

2. 话筒

市面上有很多手机话筒，价格从几十元到几千元不等。我推荐购买200元左右的产品，其音质相对 较好，价格也适中；不推荐买太便宜的，因为其音质和用手机直接录音的没什么区别，甚至还不如你的 手机。

话筒推荐：博雅、枫笛。这两个品牌的话筒的音质表现都比较出色，而且它们体积小巧，不需要 电池，即插即用。使用时要注意选对充电接口。通常有3种接口可以选择，分别是type-c接口（见图 2-8）、苹果lightning接口（见图2-9）和3.5mm接口（见图2-10）。

图2-8

图2-9

图2-10

不推荐购买的配件

1.自拍杆

我不推荐大家购买自拍杆，虽然拍照效果还可以，但是它并不适用于拍Vlog，非常不灵活，很多镜头都无法拍摄（比如固定机位镜头）。

2.手机稳定器

我也不推荐新手购买手机稳定器。使用手机稳定器拍出来的画面固然好看，但是它不便于携带，而且需要使用者具备一定的前期拍摄和后期剪辑的技术，对于新手来说有使用门槛。

2.3
拍摄Vlog的进阶设备和配件购买建议

拍摄设备

如果你已经拍过多部Vlog，自认热爱并可以坚持拍摄Vlog，想要升级设备的话，我推荐购买佳能PowerShot G7 X Mark III，如图2-11所示。

这里我就不罗列具体参数了，直接讲讲我的使用感受，具体如下。

（1）体积小巧，方便携带。

（2）镜头是固定变焦镜头，如图2-12所示，从广角端到长焦端，基本覆盖了我们想拍摄的所有焦段。

（3）屏幕可以上翻180度，方便自拍，如图2-13所示。这对于喜欢边走边说的用户来说简直太有用了。

图2-11

图2-12

图2-13

（4）拍人很好看，佳能相机直出视频中的人物肤色比其他品牌的相机更讨喜，白里透红，如图2-14所示，因此这台相机很适合不会调色的新手。

（5）防抖性能不错。佳能Power Shot G7X Mark III自带电子防抖功能，有两挡防抖设置。一挡可以消除轻微的抖动，比如边走边说；二挡则可以消除剧烈的抖动，比如边跑边拍。当然，电子防抖功能是通过算法剪裁画面实现的，会牺牲一点画幅，但这个小缺点对于拍摄Vlog来说是微不足道的。

（6）操作简单，反应迅速。佳能Power Shot G7X Mark III的按钮都很大，且有一个单独的视频拍摄按钮，如图2-15所示，可以一键拍摄。此外，这台相机还支持一键延时拍摄、机内直出视频等功能。

图2-14

图2-15

（7）支持4K/25帧拍摄和1080p/100帧升格拍摄，也就是慢动作拍摄。我常用的是1080p/50帧。

（8）增加了话筒接口，为Vlog提供了高质量录音功能。"佳能Power Shot G7X Mark III+话筒"简直是Vlog拍摄"神器"。

总结：佳能Power Shot G7X Mark III算是接近完美的Vlog拍摄设备，几乎兼顾了Vlog拍摄对于设备的所有诉求，所以这台相机真的很火，很多博主都用它来拍摄视频，尤其是美妆博主。

热靴支架 / 底座

由于佳能Power Shot G7X Mark III没有热靴接口，无法连接话筒，所以我们需要购买一个热靴支架。

热靴支架推荐：斯莫格热靴支架/底座，如图2-16所示。它的质量和做工非常好，很精致，侧面和底部各有一个热靴口，电池部分是镂空设计，我们在更换电池时不需要拆卸底座。把话筒插在热靴口上也是很方便的，如图2-17所示。

图2-16

图2-17

话筒

　　话筒推荐1：罗德Video Micro话筒，如图2-18所示。很多用户都在用这款话筒，其收音效果明显好于相机自带的话筒的收音效果。这款话筒不需要装入电池或充电，即插即用，只要你的相机有话筒接口即可。

　　话筒推荐2：枫笛Blink 500一拖二无线话筒，如图2-19所示。现在这款话筒已经成为我的主力话筒，原因是它十分便携，且收音效果不错，我拍视频时基本上都用它来收音。

图2-18

图2-19

　　枫笛Blink 500一拖二无线话筒的优点是发射器和接收器的体积都很小，接收器上的夹子刚好可以夹在相机的热靴上，看起来不突兀，如图2-20所示；发射器也就是话筒，可以直接夹在衣领上，如图2-21所示。

图2-20

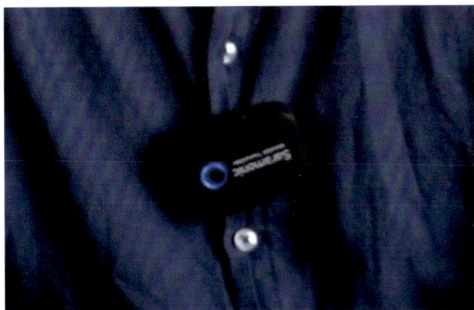

图2-21

　　经过测试，我发现发射器距离接收器50米以内都是可以正常收音的，但是尽量不要背对着接收器，也就是说，发射器和接收器之间尽量不要隔着人或物。因为它们之间的通信靠的是2.4G无线网络信号，隔着人或物可能会出现接收不到信号的问题。

另外，枫笛Blink 500一拖二无线话筒支持两个人同时录音，比一般的话筒更有优势。这款话筒适用于拍摄有两个主要人物的视频，如图2-22所示，这样两个人的声音都可以被清晰收录。

图2-22

购买这款话筒时，商家通常会赠送两个"小蜜蜂"。如果你觉得发射器太明显，可以插上"小蜜蜂"使用，这样话筒就基本"隐形"了，如图2-23所示。

图2-23

除了以上两款我推荐的话筒以外，市面上也有很多价格较低且功能实用的产品，大家可以根据自己的预算购买合适的产品。

Vlog的手机拍摄技巧

本章主要讲解借助手机拍摄视频的技巧，具体包括拍摄前的手机参数设置，拍摄时如何使用手动对焦功能，如何利用自然光拍摄，稳定的拍摄姿势，常用的手持运镜方式，镜头之间的组接，多角度、多景别拍摄以及提升画面表现力的特殊拍摄方式。

Chapter Three

3.1
拍摄前的手机参数设置

图3-1

在拍摄视频之前，我们需要对手机进行设置，把手机的视频拍摄格式设置为高帧率的模式，这样可以提升画质，也可以留出更多的后期处理空间，比如后续制作变速效果等。

这里以苹果手机为例进行介绍，先进入手机的设置界面，然后点击"相机"，如图3-1所示。接着点击"录制视频"，如图3-2所示。

进入"录制视频"设置界面，选择"1080p HD，60fps"或更高的分辨率"4K，60fps"，如图3-3所示。打开取景网格，以便精确构图，如图3-4所示。

图3-2

图3-3

图3-4

3.2
拍摄时如何使用手动对焦功能

在室外拍摄一些自然风光等题材的视频时，我们可以考虑直接使用手机的自动对焦功能拍摄；但也有一些比较特殊的情况（如拍摄一些微距视频等），此时使用手动对焦功能拍摄，效果可能会好一些。

要在手机上实现手动对焦功能，只需要让手机镜头尽量靠近要拍摄的物体，构图后长按手机屏幕上需要对焦的位置，手机就会自动锁定焦点和曝光，如图3-5所示，这样拍出的画面中，对焦点清晰，而背景则会得到很好的虚化。

按住对焦框右侧的小太阳图标并将其向上拖动，可以手动增大曝光值，此时画面变亮，将其向下拖动，可以手动减小曝光值，此时画面变暗，如图3-6所示。

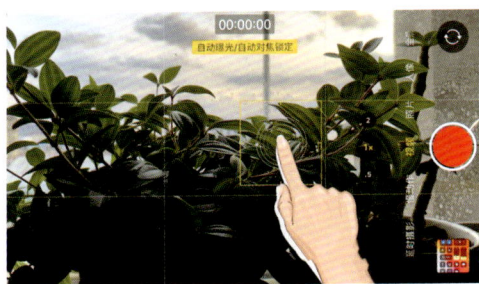

图3-5

图3-6

合理地调整画面的明暗程度，可以获得更好的影调效果及质感，如图3-7所示。

图3-7

3.3
善于利用自然光

注意光线的方向性

在用手机拍摄短视频的大部分情况下，我推荐使用顺光、前侧光等进行拍摄，因为在这类光线条件下画面中光影分布比较均匀，并且被摄主体正面足够明亮、清晰，如图3-8所示。

图3-8

逆光拍摄会使被摄主体处在阴影中，此时画面反差很大。如果以被摄主体为标准进行曝光，背景容易过度曝光，如图3-9所示；而如果以背景为标准进行曝光，被摄主体会曝光不足，显得黑乎乎的，如图3-10所示。

图3-9

图3-10

　　但这并不是说不可以在逆光条件下拍摄视频，实际上，如果合理地运用逆光拍摄，可以营造出非常独特的画面美感。比如以背景为标准进行曝光，再稍稍增大曝光值，让画面的光影分布变得均匀一些，就会使画面显得非常唯美，如图3-11所示。

图3-11

合理的拍摄时间

　　从视频拍摄的时间来看，我们要尽量避免在太阳位于头顶上方的中午进行拍摄，这属于顶光环境，光线的照射角度会使被摄主体缺乏立体感，强烈的光线也会使被摄主体缺乏细节，如图3-12所示。

图3-12

理想的拍摄时间是太阳刚升起的清晨及太阳快要落山的傍晚，这时的光线柔和而富有色彩，会使拍摄的画面显得很唯美；并且此时光线与地面的夹角很小，可使景物投下长长的影子，从而增强画面的立体感，如图3-13所示。

图3-13

3.4
稳定的拍摄姿势

大家如果刚入门，暂时还没有购买稳定器，那么可能会发现自己手持手机拍摄的视频画面有比较严重的抖动现象，影响观感。这里教大家一些技巧，以帮助大家手持手机也可以拍出相对稳定的视频画面。

拍摄时，尽量用双手握持手机，夹紧双臂，手机尽量靠近前胸，手臂尽量保持不动，以腰部和腿部关节为轴，平稳、缓慢地移动，如图3-14所示。

图3-14

　　手持手机拍摄时，尽量不要长距离、大范围地拍摄单个长镜头，可以把长镜头分解成多个短镜头拍摄，之后再将多个短镜头组接起来。

　　手持手机边走边拍时，除了以上介绍的姿势拿好手机之外，还应该注意走路的技巧。走路时用小碎步，膝盖尽量不要屈曲，身体尽量不要上下起伏，如图3-15和图3-16所示，这样拍出的画面会稳定很多。

图3-15

图3-16

　　你如果想要拍摄图3-17和图3-18所示的这种一镜到底，长时间、长距离、大范围的长镜头，还是需要使用稳定器的。

图3-17

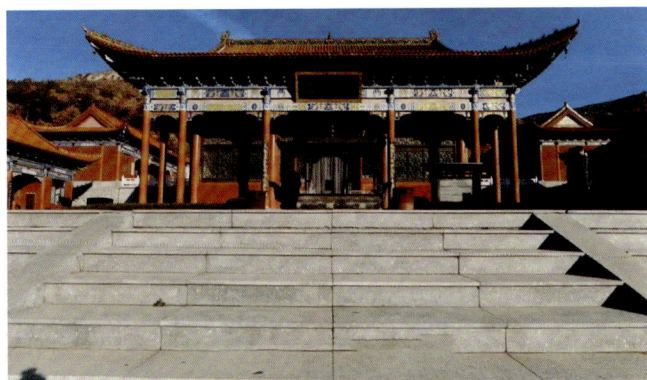

图3-18

3.5
常用的手持运镜方式

什么是运镜

运镜，实际上是指通过推、拉、摇、移等方式拍摄的镜头。运动镜头可通过改变手机（相机）的位置，也可通过调整镜头的焦距来拍摄。运动镜头与固定镜头相比，具有可使观众视点不断变化的特点。

运动镜头能使视频拥有多变的景别、角度，形成多变的画面结构和视觉效果，更具艺术性。运动镜头会产生丰富的画面效果，可使观众感觉身临其境。

一般来说，长视频中的运动镜头不宜过多，但短视频中的运动镜头又要适当多一些，这样画面效果会更好。

常用的七大运镜方式

常用的运镜方式包括推、拉、摇、移、甩、旋转、环绕镜头7类。需要注意的是，移镜头分为向左、向右移动镜头和向上、向下移动镜头，其中向上、下移动镜头也被称为升、降镜头。

推镜头是指将镜头由远及近靠近被摄主体，使画面的取景范围由大变小，如图3-19和图3-20所示。这种运镜方式主要用来突出被摄主体，使观众的视觉注意力慢慢集中，也符合大多数人在实际生活中由远及近，由整体到局部，由全貌到细节的观察习惯。

图3-19

图3-20

拉镜头与推镜头正好相反，它是指将镜头由近到远，远离被摄主体，使画面的取景范围由小变大，这种运镜方式可以用来交代被摄主体所处的环境，如图3-21和图3-22所示。

摇镜头是指以身体为圆心，身体转动带动镜头，这种运镜方式就像人的眼睛在观察周围的环境，如图3-23和图3-24所示。

图3-21

图3-22

图3-23

图3-24

　　向左、向右移动镜头可以用来展示大场面，比如壮美的风景，如图3-25和图3-26所示。

　　向上、向下移动镜头常用来展示被摄主体的高大、雄伟、险峻，比如高楼大厦，从而让观众有身临其境的感觉，如图3-27和图3-28所示。

图3-25

图3-26

图3-27

图3-28

移镜头是指使镜头沿着水平方向平移，与摇镜头不同的是，移镜头没有虚拟的圆心，如图3-29和图3-30所示。采用这种运镜方式时要注意防止抖动，最好不要大范围移动。可以用前文介绍的手持手机时的拍摄姿势，尽量保持上身不动，利用腰部、腿部关节进行小范围的移动。

这种运镜方式可以用来交代被摄主体的细节，如图3-31和图3-32所示。

图3-29

图3-30

图3-31

图3-32

甩镜头是指快速移动手机，从一个静止画面快速切换到另一个静止画面，中间的画面模糊，这样可使画面有一种突然性和爆发力，如图3-33~图3-35所示。

图3-33

图3-34

图3-35

在室内拍摄时，我们可以借助甩镜头进行转场，将画面从室内场景切换到室外的场景，如图3-36~图3-38所示。

图3-36

图3-37

图3-38

旋转镜头是指以手机镜头为圆心，旋转手机进行拍摄，这样可使拍摄的画面更加有趣，如图3-39和图3-40所示。

与摇镜头以身体为圆心不同，环绕镜头是指以被摄主体为圆心进行移动拍摄，如图3-41和图3-42所示。我们还可以进行大范围环绕拍摄，不过这时就需要使用稳定器了。

图3-39

图3-40

图3-41

图3-42

3.6
灵活组合运镜

　　在拍摄时，我们还可以组合使用前面介绍的几种运镜方式，这样拍摄出的视频画面会更具表现力。把推镜头和向上移动镜头组合使用，就可以拍出这种类似爬坡的镜头，如图3-43和图3-44所示。

图3-43

图3-44

　　把推镜头或拉镜头和旋转镜头组合，就可以拍出这种推进旋转的镜头，非常有意思，如图3-45和图3-46所示。

图3-45

图3-46

　　我们还可以利用摇镜头跟随被摄主体，比如公路上行驶的汽车，这种镜头可以突出汽车的速度感，如图3-47和图3-48所示。

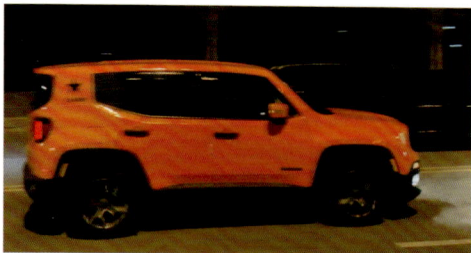

图3-47

图3-48

　　熟练运用各种运镜的组合技巧后，我们所拍摄的Vlog画面的观赏性一定会有所提升。

3.7
镜头之间的组接

　　在剪辑视频时，我们需要考虑镜头和镜头的组接，以保证画面的连贯性和流畅性。为了避免后期剪辑时缺少合适的镜头，并提高后期剪辑的效率，我们在拍摄时就要有意识地拍摄一些能够组接在一起的镜头。

借助运动方向与形状组接

　　举个例子，两个不同场景下同样向右摇移的镜头，后期就可以无缝组接在一起，观众在观看时就完全不会感到突兀，还会感到如丝般顺滑。

　　不只是运动方向相同的镜头可以组接在一起，一些画面中有相似图形的镜头也可以组接在一起，如图3-49~图3-51所示。

图3-49

图3-50

图3-51

借助颜色与逻辑关系组接

　　画面颜色相似的镜头也可以组接在一起，如图3-52和图3-53所示。

图3-52

图3-53

我们还可以借助视频画面的逻辑关系来组接镜头，比如上一个镜头是一个人往左边看，下一个镜头就可以是他看的内容，如图3-54和图3-55所示。

图3-54

图3-55

借助人物表情组接

人物表情相近的镜头也适合组接在一起，如图3-56和图3-57所示。

图3-56

图3-57

借助情绪或意识组接

借助情绪或意识组接镜头的方式比较抽象，如图3-58~图3-60所示。比如看见伞，就会联想到下雨，而雨可能与孤独、伤心等情绪有关。

图3-58

图3-59

图3-60

3.8
多角度、多景别拍摄

　　对于同一个被摄主体，我们可以拍摄多个角度和景别的镜头，将这些镜头组合在一起来展现被摄主体，可以让你的视频画面看起来更丰富，也更专业。

　　对于一个动作，我们没必要把全程展示给观众，可以多角度、有选择地拍摄节点，然后把节点串联在一起，这样的画面更简洁、更丰富，观众也更有兴趣看下去，如图3-61~图3-64所示。

图3-61

图3-62

图3-63

图3-64

3.9
提升画面表现力的特殊拍摄方式

利用慢动作镜头提升画面格调

　　大部分手机都有拍摄慢动作镜头的功能，慢动作镜头可以提升画面格调，让画面更有电影感，如图3-65~图3-68所示。另外，慢动作镜头还有一定的"消除抖动"的效果，因为一些画面抖动在慢动作镜头下会变得不是很明显。

图3-65

图3-66

图3-67

图3-68

　　我们可以用手机自带的功能拍摄慢动作，如图3-69所示。

图3-69

也可以后期利用剪辑软件制作慢动作镜头，前提是正确设置了高帧率的拍摄模式，如图3-70~图3-72所示，低帧率拍摄模式下得到的素材在后期慢放时会出现卡顿。

图3-70	图3-71	图3-72

善用慢动作镜头可以使你的Vlog提升一个档次，有这样一句话：技术不够，慢动作镜头来凑！这句话强调的就是慢动作镜头的重要性。但是切记不要滥用这种技巧，不能让整段Vlog由慢动作镜头组成。

利用延时拍摄功能提升画面的观赏性

直接拍摄的视频与实际所发生的事件是同步的，意思是一个事件持续了5分钟，那么所拍摄的视频的时长也是5分钟。如果我们要记录某个场景一天内的变化，那就要拍摄一整天的视频，这显然是不利于观看的。当然，我们可以采用快进的方式来观看，但这样也会存在明显的问题，即数据量太大。快进即使解决了观看时间的问题，也无法解决视频因数据量太大而不便存储的问题。

针对这种情况，延时视频这种新的视频记录方式产生了。从本质上说，延时视频也是一种快进播放的视频。但不同的是，延时视频是通过抽帧的方式实现视频时长的缩短的，视频的播放速度并没有加快，仍然是正常的，即以正常速度得到了快进的效果。

下面通过一个具体的例子来说明延时视频的拍摄原理。比如我们正常拍摄一段视频，每秒可以记录24帧画面，那1分钟可以记录24×60=1440帧画面，这样只记录了1分钟内的影像变化。但如果我们以延时的方式拍摄，每秒记录1帧画面，那1分钟会记录1×60=60帧画面。播放正常记录的视频时，时长为1分钟；但播放延时视频时，就只有60÷24=2.5秒的时长，即用时长为2.5秒的视频记录了1分钟内的影像变化。当然，两者差别会很大，正常记录的视频画面细腻、流畅、连贯，给人正常的观看体验；但延时视频是跳跃性的，其效果类似于快进。

最近几年生产的手机都有延时拍摄功能，我们可以很轻松地拍摄延时视频。

延时拍摄功能可以提升画面的观赏性，用来强调时光的流逝，如图3-73和图3-74所示。

图3-73

图3-74

延时视频也可以用来切换场景，比如旅拍时，玩了一天，拍一段夕阳的延时视频，用来交代一天的结束，后面可以接第二天拍摄的画面，如图3-75所示。

图3-75

TIPS ◆

拍延时视频时，我们应把手机装在三脚架上，否则拍出的画面抖动会很严重，效果会很差。

手机剪辑工具详解

本章主要给大家推荐 3 款好用的手
机剪辑 App，安卓手机和苹果手机
都能用。它们非常适合新手和不便
用电脑剪辑的拍摄者使用。

Chapter Four

4.1
剪映

剪映简介

剪映是抖音官方推出的手机视频剪辑App，其图标如图4-1所示。抖音推出剪映的目的是给制作抖音视频的博主提供更好的剪辑体验，从而让更多的人参与抖音的内容制作。整体来看，这款App在功能和用户体验上做得都很不错。

图4-1

剪映的基本设置

打开剪映以后，建议大家做的第一件事就是点击右上角的设置按钮，如图4-2所示，把视频分辨率设置为"1080p"，这样输出的视频画质就是高清；然后关闭"自动添加片尾"功能，如图4-3所示，否则输出的视频会有抖音和剪映的片尾Logo。

图4-2

图4-3

剪映的基本功能

1.导入素材

剪映给用户的剪辑体验很接近用电脑剪辑的感觉。点击"开始创作"按钮，如图4-4所示，导入素材后，素材被放置在时间轴上，如图4-5所示。

图4-4

图4-5

如果还需要补充素材，可以点击"+"按钮继续添加素材，如图4-6和图4-7所示。

图4-6

图4-7

2.调整画面比例

你还可以随时调整画面比例，但是我不建议这么做，最好一开始就选择好比例，否则剪辑好的素材不一定能匹配修改后的比例。点击"比例"按钮即可调整画面比例，如图4-8和图4-9所示。

图4-8

图4-9

3.转场

片段的间隔处都有一个转场按钮。点击转场按钮，可以添加片段和片段之间的过渡效果，也就是转场，如图4-10所示。剪映提供的转场方式几乎涵盖了所有常用的转场方式，我最常用的就是基础转场里的叠化、闪黑和闪白。其实转场不是越花哨越好，转场的目的是衔接前后剧情或画面，如图4-11所示。

图4-10

图4-11

4.分割和删除

把不需要的部分删掉也很简单，只需要选中片段，点击"分割"按钮，如图4-12所示；再选中要删除的部分，然后点击"删除"按钮，如图4-13所示。

图4-12

图4-13

5.变速

在剪映中，我们还可以对选中的片段进行变速处理。选中某个片段，点击"变速"按钮，如图4-14所示，可以看到剪映提供了从0.1倍到100倍的变速处理方式，如图4-15所示，其功能十分强大。但是不建议大家将用手机拍摄的素材进行高倍率慢放，因为效果并不好。

图4-14

图4-15

6.关闭原声

在剪映中，我们可以一键关闭视频原声，也可以手动关闭片段原声，如图4-16和图4-17所示。

图4-16

图4-17

7.添加动画

选中某个片段，点击"动画"按钮，可以给该片段添加动画效果，如图4-18所示。动画其实在模拟运动镜头，其效果类似于推、拉、摇、移等运镜方式。如果你拍的是一个静止画面，用这些动画就可以模拟出不错的运镜效果，如图4-19所示。

图4-18

图4-19

8.编辑

选中某个片段，点击"编辑"按钮，如图4-20所示，可以对该片段进行镜像、旋转、剪裁操作，如图4-21所示。

图4-20   图4-21

9.调色

选中某个片段，点击"调节"按钮，如图4-22所示，可以对该片段进行调色，如图4-23所示。点击"应用到全部"按钮，可以将调色效果应用到全部片段上，如图4-24所示。

图4-22   图4-23   图4-24

10.美颜

如果片段里有人物，我们还可以一键美颜。选中某个片段，点击"美颜"按钮，如图4-25所示，可以看到剪映提供了磨皮和瘦脸功能，如图4-26所示。

图4-25

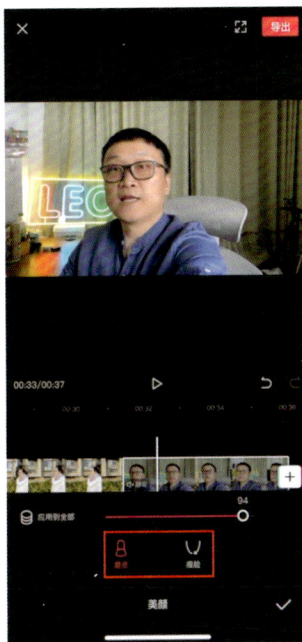

图4-26

11.变声

选中某个片段，点击"变声"按钮，可以进行变声操作，如图4-27所示。这些声音（见图4-28）虽然可能有点奇怪，但可用来为视频添加搞笑元素。

图4-27

图4-28

12.降噪

在剪映中，我们还可以给室外拍摄的视频降噪。选中某个片段，点击"降噪"按钮，如图4-29所示，打开"降噪开关"，如图4-30所示，可以去除一部分环境噪音。经过我的测试，效果还是不错的。

13.复制

使用复制功能（见图4-31）可以把选中的片段复制多份。

图4-29

图4-30

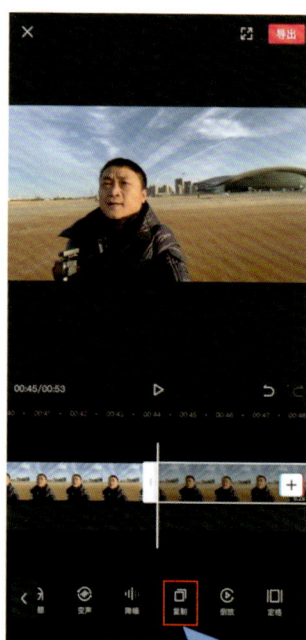

图4-31

14.倒放

倒放功能（见图4-32）可以用来倒放素材，在视频里加入几段倒放素材会显得有格调。

15.定格

点击"定格"按钮，如图4-33所示，系统会在时间轴上自动添加一个3秒的静止片段，如图4-34所示，我们可以使用这一功能来制作定格效果。

图4-32

图4-33

图4-34

16.添加音乐和音效

剪映提供了很多背景音乐，制作普通的Vlog基本够用了。点击"音乐"按钮，如图4-35所示，将出现如图4-36所示的界面。

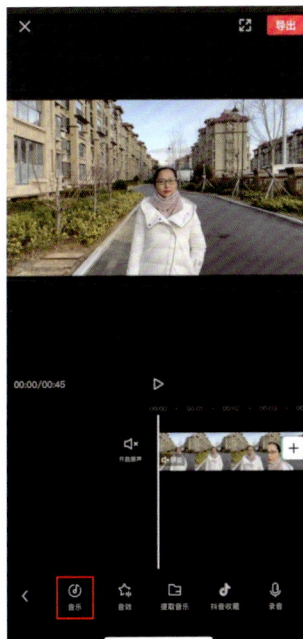

图4-35

图4-36

如果没找到喜欢的音乐，你可以从你在抖音收藏的音乐和视频里寻找，如图4-37所示。选好音乐以后，直接点击"使用"按钮，就可以将该音乐添加到时间轴上了。如果仍然找不到喜欢的音乐，你还可以把其他平台上的音乐链接粘贴过来，剪映会自动帮你下载该音乐；或者直接从视频里提取音乐、导入手机里的本地音乐，如图4-38所示。

图4-37

图4-38

你甚至可以录制现场的音乐，如图4-39~图4-41所示。

图4-39

图4-40

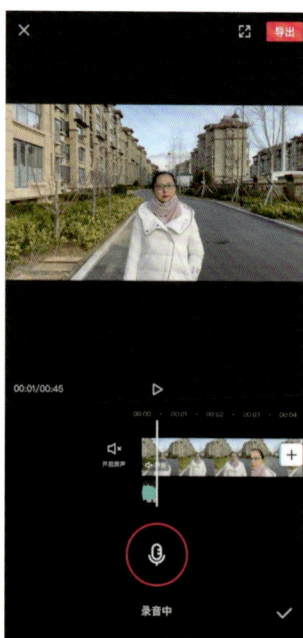

图4-41

点击"音效"按钮，如图 4-42 所示，可以看到剪映几乎提供了我们常用的所有音效，如图 4-43 所示，包括各种综艺搞笑的音效，转场用的"呼呼""嗖嗖"音效，以及各种的环境音等。

17.添加字幕和贴纸

剪映的字幕功能非常强大，除了支持用户手动添加字幕，剪映还提供了识别字幕、识别歌词等功能，并且识别正确率较高，如图 4-44 所示。针对文本，剪映提供了非常丰富的样式、花字、气泡、动画，如图 4-45 所示。

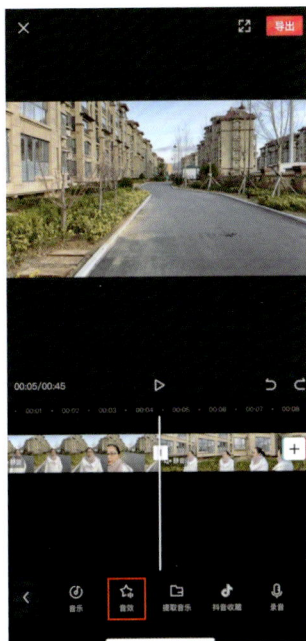

图 4-42

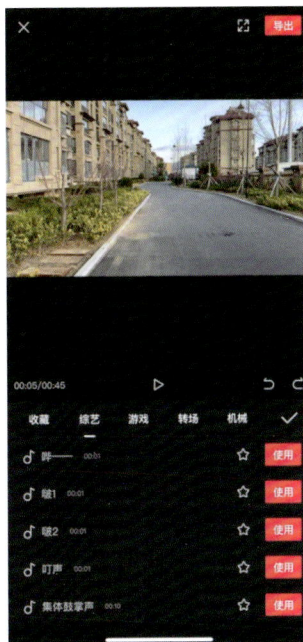

图 4-43

添加字幕后，字幕框的左上角是"删除"按钮，左下角是"复制"按钮，右上角是"编辑"按钮，右下角是"调整"按钮，双指拖动字幕框可以进行放大、缩小、旋转操作，如图 4-46 所示。

图 4-44

图 4-45

图 4-46

剪映还提供了很多好看的贴纸，包括各种唯美光效、综艺花字等，贴纸可以让画面变得更丰富、更有趣。点击"贴纸"按钮即可选择并添加贴纸，如图4-47和图4-48所示。

图4-47

图4-48

18.添加画中画片段

点击"画中画"按钮，再点击"新建画中画"按钮，即可选择合适的素材来制作画中画片段，如图4-49~图4-51所示。

图4-49

图4-50

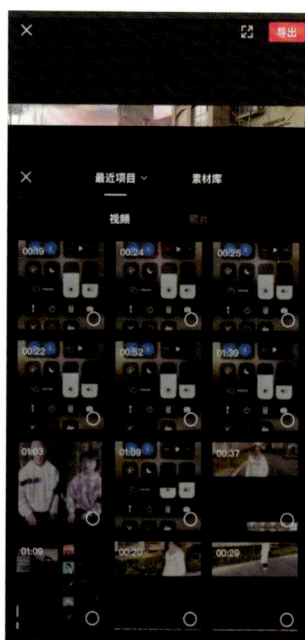

图4-51

画中画片段可以双指旋转。缩放是通过双指开合实现的，并没有单独的按钮，这个功能需要大家额外注意一下，如图4-52和图4-53所示。

图4-52

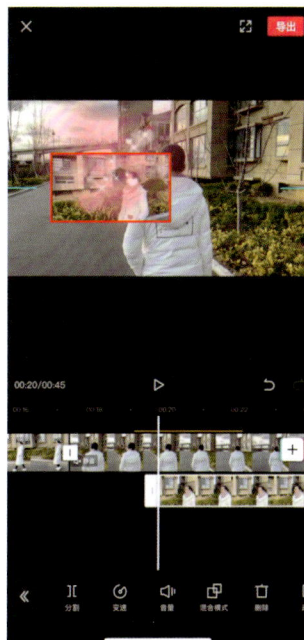

图4-53

同样，适用于普通片段的功能，也适用于画中画片段，比如倒放、定格等。如果有多个画中画片段，系统还支持调整层级，也就是可以设置"谁盖住谁"，如图4-54和图4-55所示。

图4-54

图4-55

19.支持修改混合模式

剪映支持修改混合模式，点击"混合模式"按钮，再该界面中，我们可以轻松制作出多重曝光的效果，如图4-56和图4-57所示。

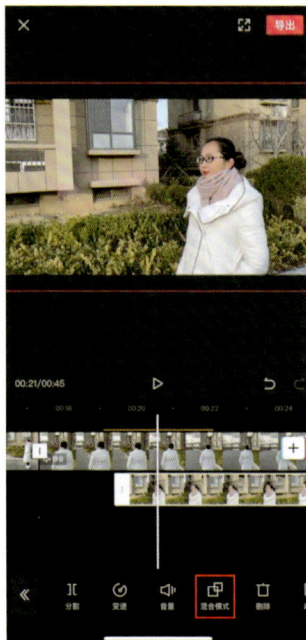

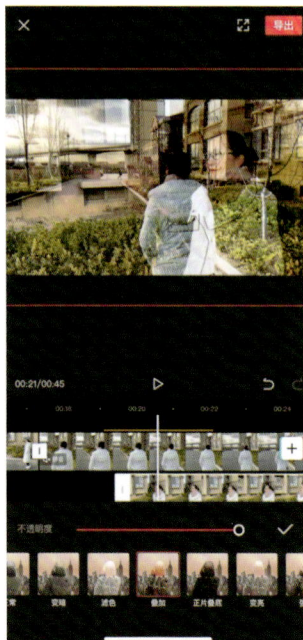

图4-56　　　　　　　　　　　　图4-57

20.提供模板

除了功能强大、全面以外，剪映还和抖音无缝联通，我们可以应用很多在抖音很火的热门视频模板，只需要进行简单设置，几分钟就能做出一个酷炫的短视频。点击"剪同款"按钮，可在界面中选择需要的模板，如图4-58~图4-60所示。

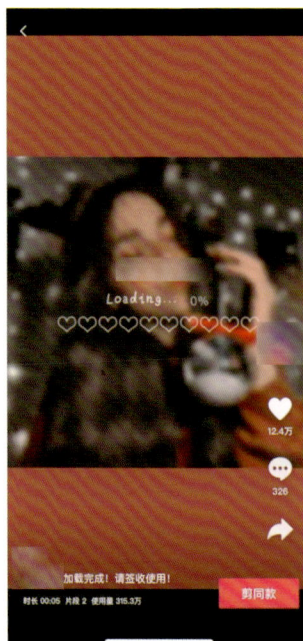

图4-58　　　　　　　　　　　图4-59　　　　　　　　　　图4-60

21.添加特效

剪映还提供了大量特效，特效就是一层可以叠加在视频上的效果素材。点击"特效"按钮，如图 4-61所示，可以看到，除了"基础"类别中的电影特效以外，剪映中还有"梦幻"类别中的梦幻光 效、"动感"类别中的节奏光效；甚至你还可以利用"自然"类别中的特效轻松模拟各种天气，比如闪 电、下雪、雾气等，以及添加各种好看的边框，如图4-62~图4-66所示。而且这些特效完全免费，没有 任何订阅、付费机制。

图4-61

图4-62

图4-63

图4-64

图4-65

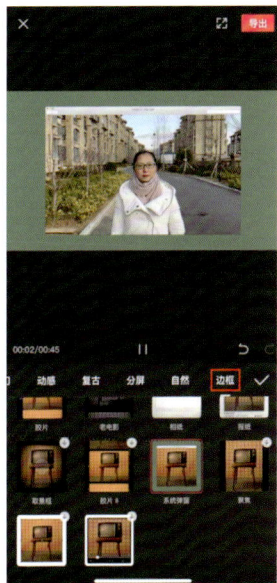

图4-66

22.添加滤镜

剪映提供了很多滤镜，点击"滤镜"按钮，你可以根据自己的视频调性进行选择，如图4-67所示。

剪映的视频导出功能对视频时长有15分钟的限制，不过我们的视频一般也很难超过15分钟，如图4-68所示。

以上几乎就是剪映的全部功能了，这款剪辑App操作简单且功能齐全，可以帮助新手很轻松地制作出自己的第一部Vlog。

图4-67

图4-68

4.2

快剪辑

快剪辑简介

快剪辑是一款由北京奇虎科技有限公司开发的App，它的功能与剪映的功能相似，图标如图4-69所示。

图4-69

快剪辑的基本功能

与剪映功能相似度比较高的一些功能，这里就不再单独介绍了。下面介绍快剪辑的一些比较特殊的功能。

1.选择画幅比例

打开快剪辑主界面，如图4-70所示。快剪辑的画幅比例必须在导入时就选择好，如图4-71和图4-72所示，一旦确定，后面就不能改动了，想改变画幅比例那就需要重新开始剪辑，所以大家在使用时一定要注意。

图4-70

图4-71

图4-72

2.关键帧动画

快剪辑和剪映最大的不同之处就是前者支持制作关键帧动画。关键帧动画是指通过添加关键帧的方式自定义各组件的颜色、运动轨迹、缩放等所形成的动画。

案例1：通过关键帧控制滤镜的颜色和月球贴纸的运动轨迹，如图4-73~图4-75所示。

图4-73

图4-74

图4-75

播放效果如图4-76~图4-78所示。

图4-76

图4-77

图4-78

案例2：通过关键帧控制滤镜的透明度，使其从100%降到完全透明，如图4-79~图4-81所示。

图4-79

图4-80

图4-81

案例3：通过关键帧控制标题的运动轨迹，如图4-82~图4-84所示。

图4-82

图4-83

图4-84

TIPS ◆ 快剪辑的大部分组件都支持制作关键帧动画，这是一个很强大的功能，大家可以自己试一试。

　　快剪辑是本章介绍的3款App里唯一没有导出时长限制的App，如图4-85所示。我曾经用它制作过30多分钟的视频，但是我其实不建议在手机上剪辑这么长的视频。制作完成后，可以为视频添加水印、封面、片头等，如图4-86所示，最后选择清晰度，点击"生成"按钮即可生成视频，如图4-87所示。

图4-85

图4-86

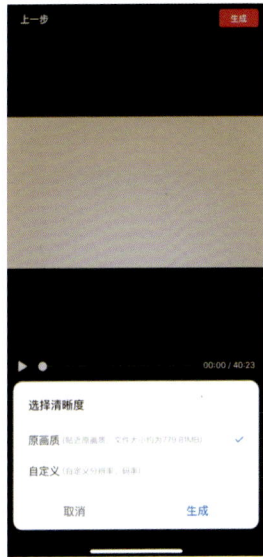
图4-87

　　快剪辑的其他资源类功能（比如自带音乐、音效、字体、滤镜、贴纸等）与剪映的各有各的特点，说不上哪个更好，我就不一一介绍了，大家可以根据自己的喜好进行下载。

4.3

快影

快影简介

快影是快手推出的官方剪辑软件，其功能是很强大的，图标如图4-88所示。

快影的基本功能

同样，与剪映类似的功能就不一一介绍了，下面主要介绍一下快影的一些独特之处。

1.导出画质设定

导入素材，如图4-89所示。在"剪辑"界面中，屏幕右上角的"导出"按钮旁边有一个小的白色图标，点击以后会出现两个导出质量的选项，建议选择左边的"最佳画面质量"，不过这样导出速度较慢如图4-90和图4-91所示。

图4-88

图4-89

图4-90

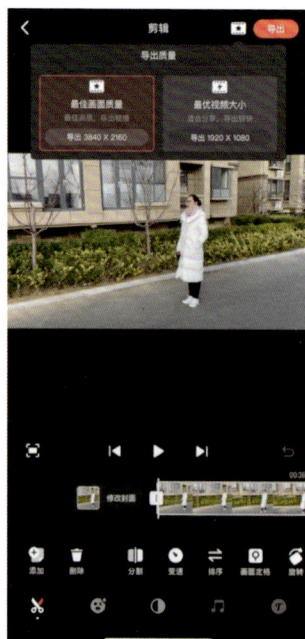

图4-91

因为我将手机的分辨率设置为了4K，所以可以导出分辨率最高为3840像素×2160像素，也就是4K的视频。经过测试，我发现快影应该是这3款App里导出的视频的分辨率最高的，如果你需要更高的分辨率，比如需要将视频放在电脑显示器和高清电视上看，那么快影就是你的不二选择。

各大视频平台基本上只支持1080p的最高分辨率，所以我们在导出视频时没必要选择高于1080p的分辨率。分辨率过高的视频占用的手机空间较大不说，上传速度也会慢很多。

2.魔法表情

快影还有一个有趣的功能，那就是魔法表情，其支持在有人脸的视频里直接添加各种表情。和普通贴纸不同的是，魔法表情运用了AI自动人脸识别技术，可以根据人脸的表情和位置自动识别并匹配相应的贴纸，如图4-92~图4-94所示。

图4-92

图4-93

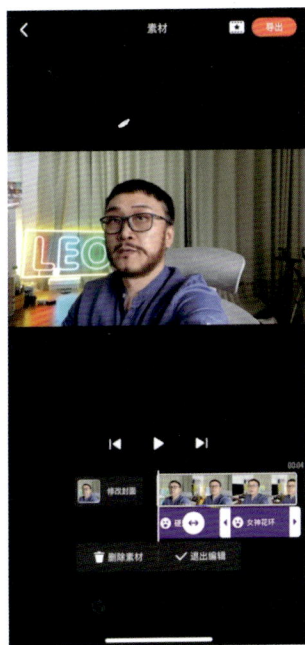
图4-94

3.智能美颜

快影也有视频人脸美颜功能，而且该功能是这3款App中最强大的，支持用户进行细节调整，其效果堪比美颜相机拍出的效果，如图4-95~图4-97所示。

图4-95

图4-96

图4-97

4.导出时长限制

　　快影的导出时长限制是10分钟，这基本上能满足大家剪辑Vlog时对于时长的需求，因为Vlog一般也不会超过10分钟，如图4-98所示。

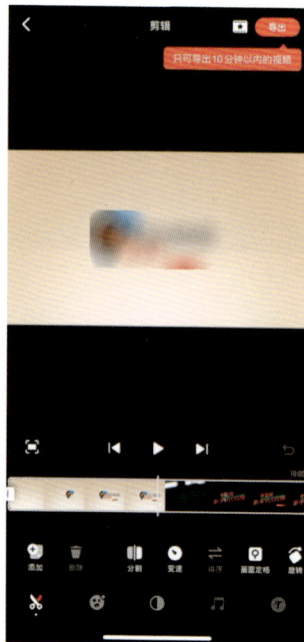

图4-98

第 5 章

Vlog的通用剪辑流程和思路

本章主要讲解 Vlog 的通用剪辑流程和思路,通过展示具体的剪辑步骤,以帮助大家学会剪辑 Vlog。

好的通用剪辑流程可以使你的剪辑效率大幅提高。虽然手机剪辑看起来很简单,但我也希望大家养成良好的剪辑习惯,毕竟以后有可能进阶到电脑剪辑。好习惯可以帮助你顺利过渡,因为手机剪辑和电脑剪辑的流程是类似的。

5.1
第一步：整理素材

　　首先，浏览一遍拍摄的素材，看看哪些素材是可用的，如图5-1所示。

　　然后选中可用的素材，在手机相簿里新建一个分类相簿，将分类相簿的名称修改为你要制作的Vlog的主题，把选中的素材从手机相簿移动至分类相簿，如图5-2和图5-3所示。

图5-1

图5-2

图5-3

　　这样做的好处是一次拍摄对应一个文件夹，日后找素材很方便，如图5-4和图5-5所示。

图5-4

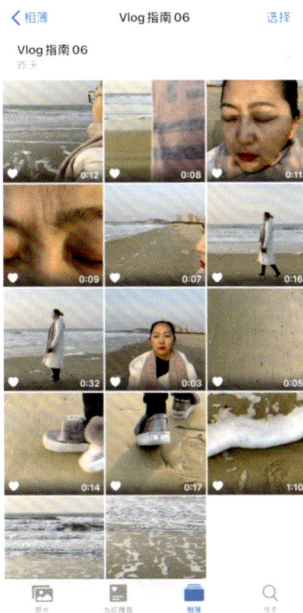

图5-5

整理好素材后，导入素材也很容易，我们就不用在剪映中胡乱地到处找素材，如图5-6~图5-8所示。

图5-6

图5-7

图5-8

5.2
第二步：确定剪辑思路

如果拍摄之前写了脚本，那就按照脚本剪辑即可；如果没有写脚本，那就只能临场发挥，这样拍摄出来的效果通常不够理想。

确定主题

一部Vlog最好只有一个主题，这就意味着你要清楚你用最大篇幅描述了什么。如果主题不清晰，你很可能会将素材剪辑成一部记流水账式的视频。假设你要剪的Vlog是一部文艺范的短片，有点偏意识流，没有特别明确的主题，只是通过影像表达一种情绪或感觉，主要想表达的是成长中的感悟，并通过画外音来构建、串联画面，那就无须确定具体的主题。如果你制作的Vlog主题明确，比如主题是"美食教程"或"一次旅行"，那你就要仔细想想如何突出主题了。

情绪决定素材与风格

你希望整部作品表达什么样的情绪？是悲伤的、孤独的，还是快乐的？情绪将决定你选择什么样的背景音乐、什么样的调色方案、什么风格的贴纸、什么标题。例如，我希望自己的Vlog能够表达出一种淡淡的忧伤和孤独的情绪，最好结尾再带点励志的意味。

把故事讲好

故事决定了素材在时间轴上的顺序，先说什么，后说什么，取决于你自己的习惯。我们可以把故事写得很详细，甚至把分镜头脚本也写出来；也可以规划出大概顺序，边剪辑边思考。我一般在拍摄之前就会写好分镜头脚本，按照分镜头脚本拍摄素材，剪辑的时候再按照分镜头脚本剪辑，如果有新的想法，就再做调整和细化。

分镜头脚本

有条件的情况下，我建议在拍摄前就把分镜头脚本写好，否则成片很可能会给人一种拼凑出来的感觉。如果不知道怎么选题和策划，可以翻看本书的第1章内容。

镜头1　夕阳下，大海边，海浪拍打着沙滩，如图5-9所示。

图5-9

镜头2　使用拉镜头，画面穿过女主角的左肩，女主角侧对镜头，如图5-10和图5-11所示。

图5-10

图5-11

镜头3　拍摄女主角的长围巾在风中飘动的特写镜头，如图5-12所示。

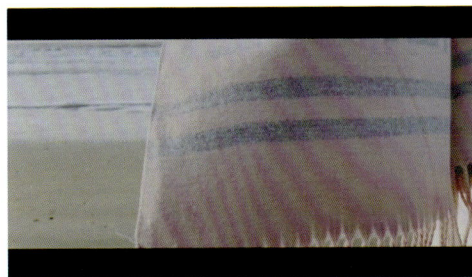

图5-12

镜头4　女主角面对大海，画面显示其背影，此时用的是推镜头，如图5-13和图5-14所示。

图5-13

图5-14

镜头5　拍摄女主角缓慢睁开眼睛的特写镜头，如图5-15和图5-16所示。

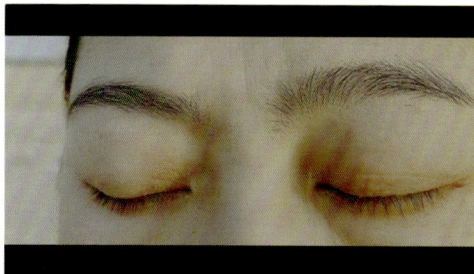

图5-15

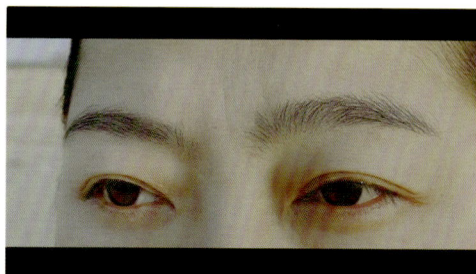

图5-16

镜头6　大海波涛汹涌，画面从模糊逐渐变清晰，如图5-17和图5-18所示。

图5-17

图5-18

　　镜头7　拍摄女主角的侧脸，横移运镜，从鼻尖移至发梢，再拍摄女主角看向远方的特写镜头，如图5-19~图5-21所示。

图5-19

图5-20

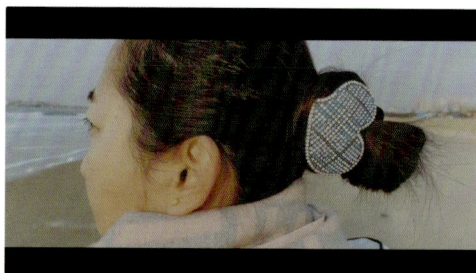

图5-21

镜头8　女主角漫步在沙滩上，眼神坚定，围巾随风飘动，此时在其侧面跟随拍摄，如图5-22所示。

图5-22

镜头9　镜头从女主角侧面绕至正面，如图5-23和图5-24所示。

图5-23

图5-24

镜头10　女主角踩在沙滩上，沙子陷下去，留下一串串脚印，此时拍摄慢动作特写镜头，如图5-25和图5-26所示。

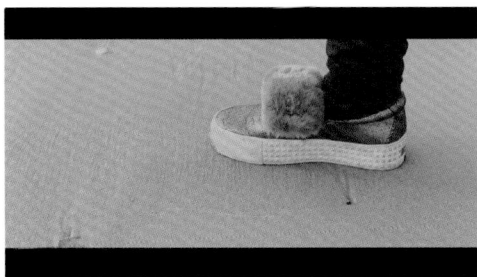

图5-25

图5-26

镜头11   女主角甩动围巾，如图5-27和图5-28所示。

图5-27

图5-28

镜头12   海面被夕阳的余晖映红，如图5-29所示。

画外音   "年龄越大，就越明白顺其自然的重要性。以前总认为坚持会让我们变强大，但是长大后才发现，让我们强大的是放下。"

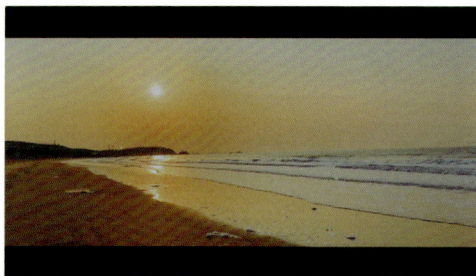

图5-29

5.3
第三步：粗剪

素材和分镜头脚本准备好之后，我们就可以开始剪辑了，我称这一步为"粗剪"。粗剪的主要任务是排列素材的顺序和剪掉不需要的部分。

首先，把整理好的素材导入剪映，按照之前的分镜头脚本或剪辑思路调整素材的顺序，如图5-30~图5-32所示。

图5-30

图5-31

图5-32

　　如果漏掉了素材，可以把时间线移动到需要插入素材的地方，然后点击"＋"按钮，继续导入素材，如图5-33和图5-34所示。

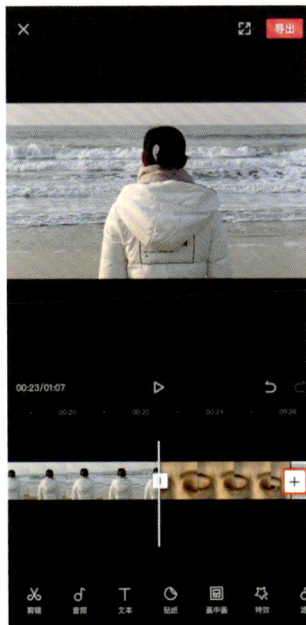

图5-33

图5-34

接下来根据自己的需要剪掉多余的部分。选中要编辑的素材，将时间线移动至需要分割的位置，点击"分割"按钮，如图5-35所示。然后选中要删除的部分，点击"删除"按钮，就可以剪掉不需要的部分了，如图5-36所示。

最后播放一遍粗剪的视频，看看其是否符合预期，如图5-37所示。如果没有什么问题，就可以进入精剪环节了。

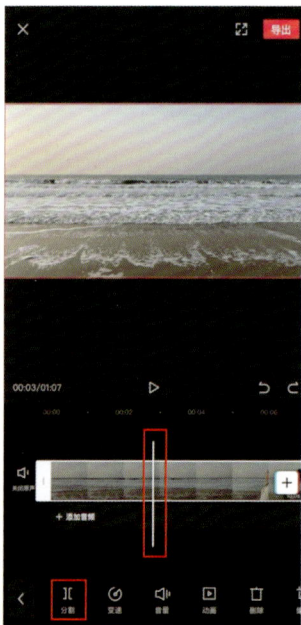　　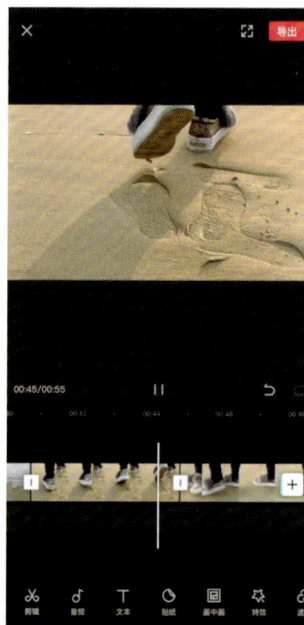

图5-35　　　　　　　　　图5-36　　　　　　　　　图5-37

5.4
第四步：精剪

添加音乐

有时候剪辑的思路和基调取决于背景音乐，所以我们可以先把音乐定好，点击"音乐"按钮，如图5-38所示。

前文提到过，我想借这部Vlog表达的情绪是淡淡的忧伤和孤独，所以我需要选择有助于表达这种情绪的音乐。这里我选择了"浪漫"类别中的 *Beauty And The Beast* 这首歌，选好音乐之后，点击"使用"按钮导入音乐，如图5-39~图5-41所示。

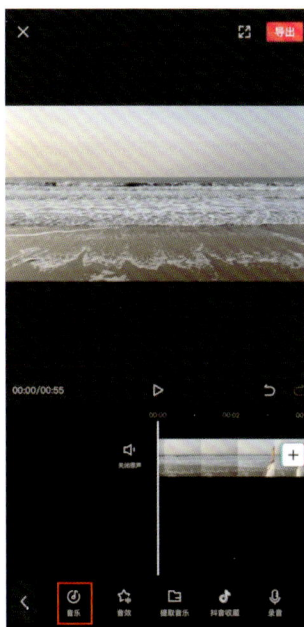

图5-38

图5-39

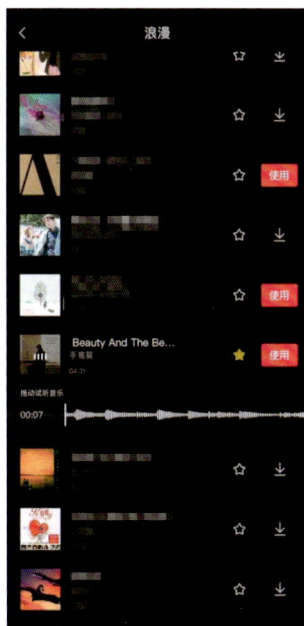

图5-40

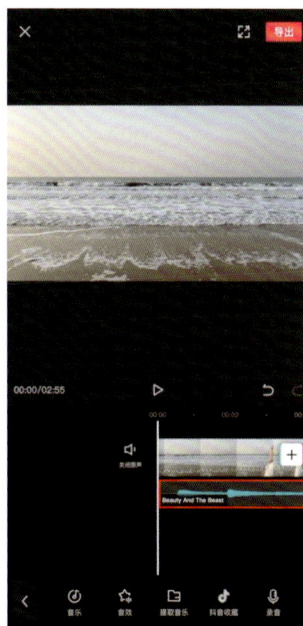

图5-41

　　导入音乐后，需要把多余的部分剪掉。选中音乐，把时间线移动到结尾部分，点击"分割"按钮，如图5-42所示；然后选中多余的部分，点击"删除"按钮，如图5-43所示，这样多余的部分就被剪掉了，如图5-44所示。

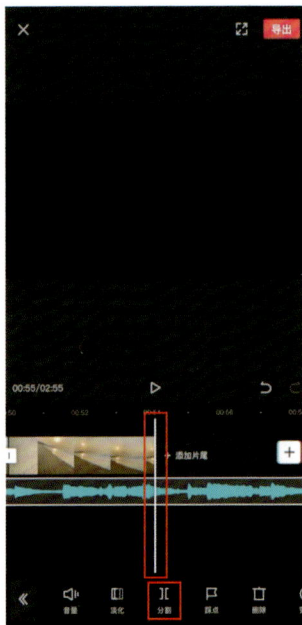

图5-42

图5-43

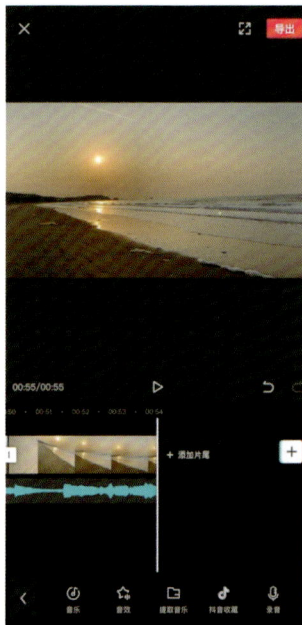

图5-44

　　还可以给音乐添加淡入淡出效果。选中音乐，点击"淡化"按钮，设置合适的淡入时长和淡出时长，如图5-45和图5-46所示。

图5-45

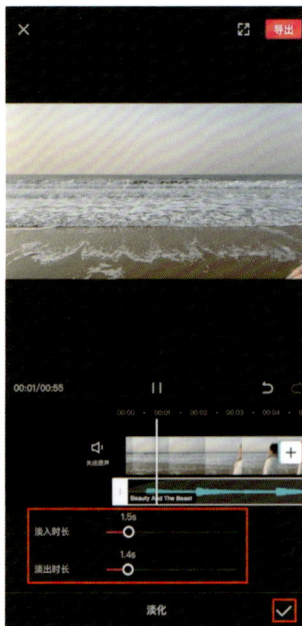

图5-46

　　适当调节音量大小，避免背景音乐听起来过于突兀。点击"音量"按钮，调整参数，如图5-47和图5-48所示。

图5-47

图5-48

制作变速效果

　　调整素材的播放速度，以匹配要表达的情绪。比如慢放可能给人悠闲、温和、忧伤、孤独、优雅或安静的感觉；而快放可能给人匆忙、滑稽、快乐或躁动的感觉。所以我选择慢放这部Vlog的大部分素材，如图5-49和图5-50所示。

图5-49

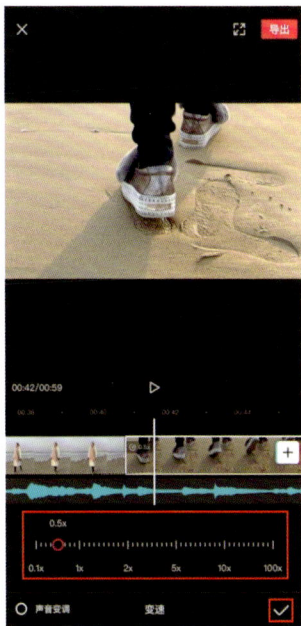

图5-50

可以加快运动镜头的前后
部分的播放速度，这样画面看
起来会很有律动感，也很有张
力，如图5-51~图5-54所示。

图5-51

图5-52

图5-53

图5-54

　　挥动的围巾直接衔接旋转的海面镜头，画面不再平淡，非常有动感，如图5-55~图5-58所示。

图5-55

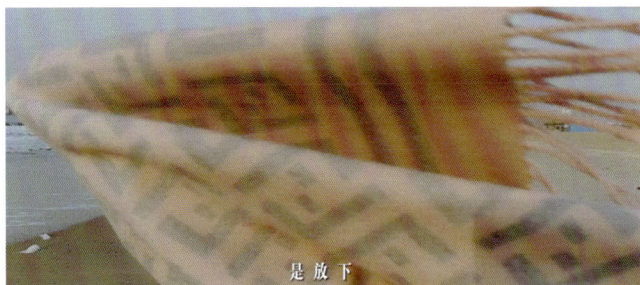

图5-56

图5-57

图5-58

添加转场效果

根据前后两段素材的具体情况添加合适的转场效果，可让两段素材实现无缝过渡。我常用的转场有两种：一种是叠化，一般用在情节紧密联系但是画面不连贯的两段素材之间，此时视频表达的情绪也会比较温和、舒缓；另一种是闪黑，一般用在从一个片段过渡到下一个片段时，可以用来分割故事的段落或场景。如果拍摄时就构思了如何转场，也可以在剪辑时用素材硬切。在剪辑时通过硬切转场时，前后两段素材需要有关联，比如镜头的运动方向一致，画面中有相似的颜色、形状等。

在这部Vlog里，大部分转场用的都是叠化，用来让画面过渡得更顺滑，如图5-59~图5-61所示。另外一些是我前期拍摄时就设计好的无缝转场。我的经验是：无缝转场前后的一小段内容要加速播放，这样两个画面之间会过渡得很顺滑。

图5-59

图5-60

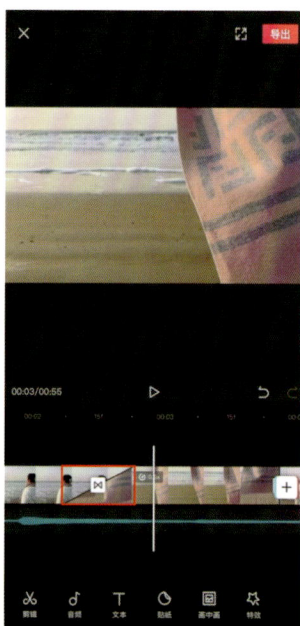

图5-61

调节声音

关于声音的调节，一般我会采取下面3种操作。

（1）提高声音偏小的素材的音量。

（2）降低只需要背景音乐的素材的音量或直接关闭其声音。

（3）给有背景噪声的素材降噪。

对于这部Vlog而言，我准备不用任何现场声音，全程使用背景音乐。由于需要配画外音，所以我会点击"关闭原声"按钮，关闭所有素材的声音，如图5-62和图5-63所示。

图5-62

图5-63

调色

选中需要调整的素材，点击"调节"按钮，就可以调整素材的基本参数了，如图5-64和图5-65所示。

图5-64

图5-65

亮度　调整素材的曝光度，标准是画面里没有"死黑"和"死白"区域，整个画面都有细节。我拍的素材的曝光度都比较准确，只有女主角的眼部特写镜头有点黑，可以点击"亮度"按钮，向右调整滑块，把画面调亮一点，如图5-66和图5-67所示。

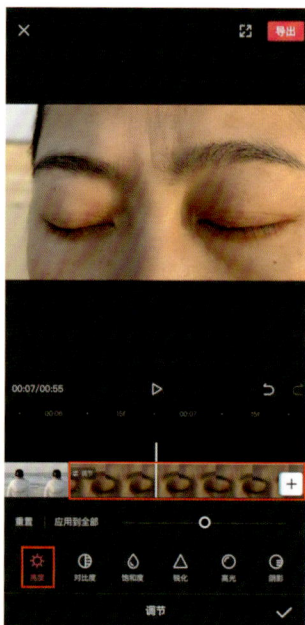

图5-66

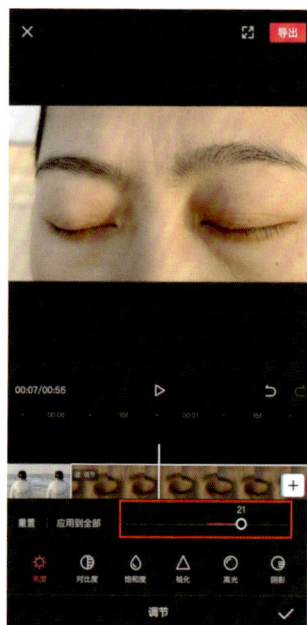

图5-67

色温　色温影响画面冷暖。如果希望画面色调偏冷，就向左调整滑块，如果希望画面色调偏暖，就向右调整滑块，如图5-68和图5-69所示。我希望Vlog画面的整体色调偏冷，所以点击"色温"按钮，向左调整滑块，如图5-70所示。

图5-68

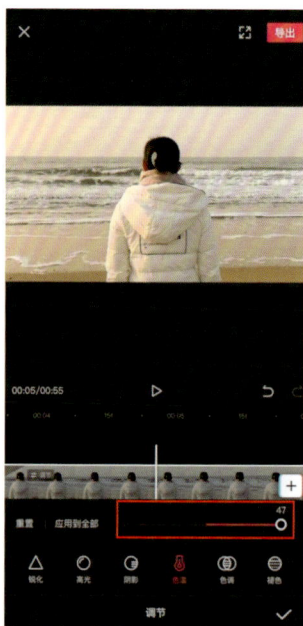

图5-69

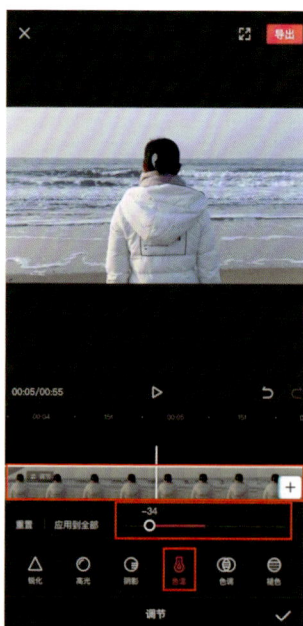

图5-70

锐化　如果素材不够清晰，可以向右调整滑块，但是这样可能会增加画面的噪点。

高光和阴影　在大光比环境下，比如在夕阳下逆光拍摄人物时，可以适当压暗背景，提亮肤色。由于这部Vlog里没有逆光人像，所以不用调节。

饱和度　最后一个镜头中的风景素材可以适当提高饱和度，让洒满夕阳余晖的海面看起来更加漂亮，如图5-71所示。

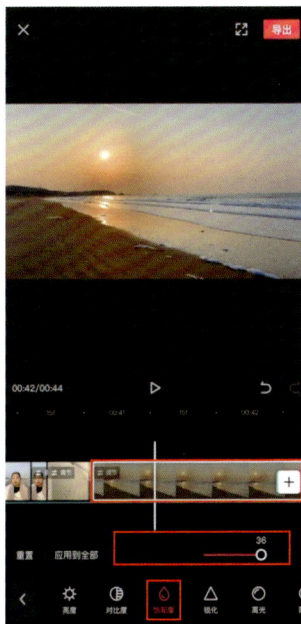

图5-71

添加滤镜

滤镜根据自己的喜好挑选即可。对于这部Vlog而言，我选择的是偏灰的"blues"滤镜，这种冷色调更能体现出我想表达的忧伤感和孤独感，如图5-72所示。

添加特效

特效也是根据具体情况自行选择。针对这部Vlog，我的想法是添加电影遮幅特效，这样画面会更有电影感，如图5-73所示。

另外，我想在女主角睁眼看到海面的瞬间添加画面从模糊变清晰的特效，如图5-74~图5-76所示。

图5-72

图5-73

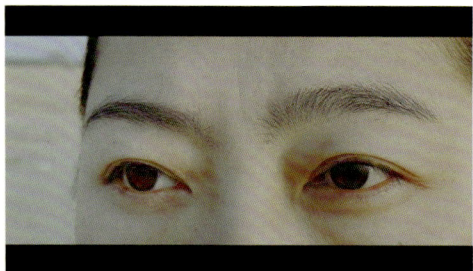

图5-74

图5-75

图5-76

　　但是这里会出现一个问题，如果先添加"电影感"特效，由于剪映不支持特效叠加，而"电影感"特效是覆盖整个视频的，所以就无法添加"模糊开幕"特效了，如图5-77~图5-79所示。

图5-77

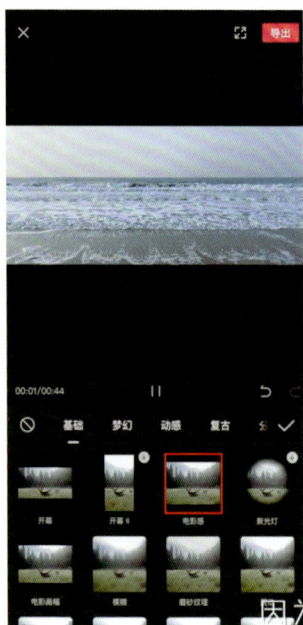

图5-78

图5-79

　　于是我想了个办法：先添加"模糊开幕"特效，然后将视频导出，再重新导入剪映，这时就可以添加"电影感"特效，让其作用于所有素材，覆盖整部Vlog了，如图5-80~图5-87所示。

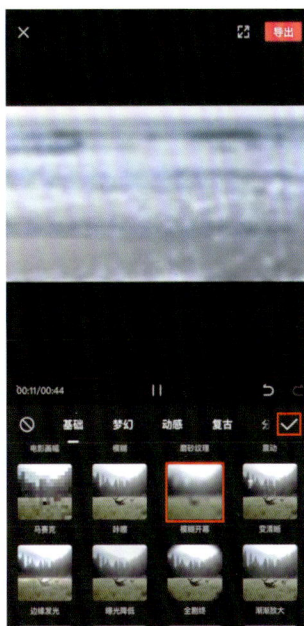

图5-80

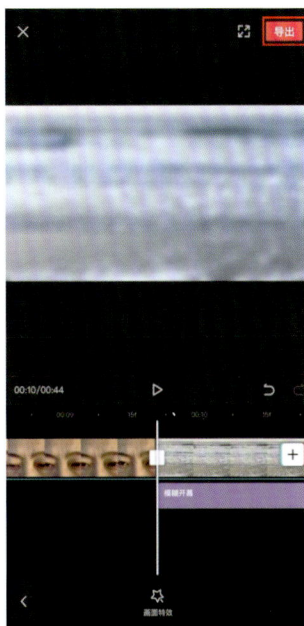

图5-81

图5-82

图5-83

图5-84

图5-85

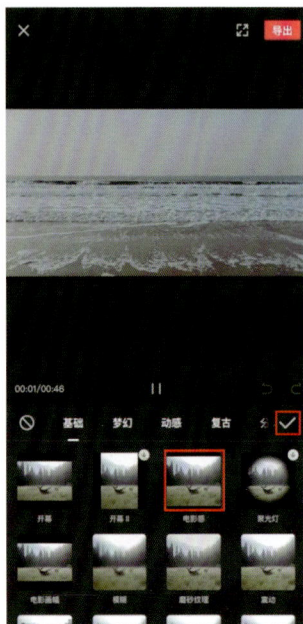

图5-86

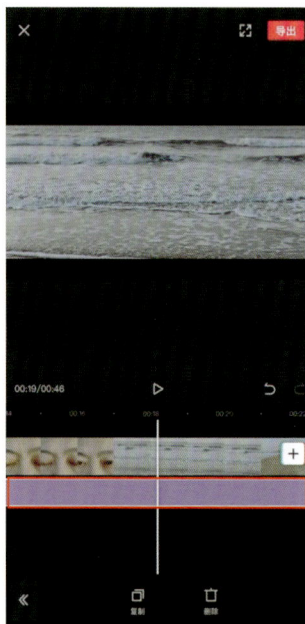

图5-87

制作动画

和特效一样，动画也要根据具体情况和自己的喜好而定。例如在这部Vlog中我就不打算使用任何动画。

添加贴纸

贴纸也要根据自己的喜好进行选择。我选择了花字标题"FOLLOW YOUR DREAMS"来制作片头，它和我设定的主题很搭，也给Vlog添加了些许文艺气息，如图5-88~图5-90所示。

图5-88

图5-89

图5-90

制作字幕

这部Vlog的调性是文艺和意识流，我已经写好了文案，打算通过配画外音的方式添加旁白。点击"音频"—"录音"按钮，按住话筒图标开始录音，如图5-91~图5-94所示。

图5-91

图5-92

图5-93

　　录制好的音频会出现在时
间轴上，如图5-95所示。

图5-94

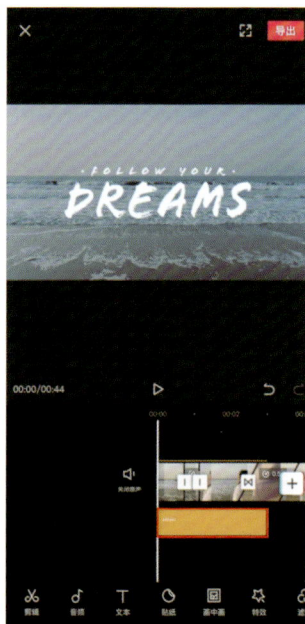

图5-95

　　点击"文本"—"识别字
幕"按钮，可以自动识别并
生成字幕，如图5-96~图5-99
所示。

图5-96

图5-97

图5-98

图5-99

字幕配好了之后，点击
"样式"按钮，选择一种文艺
范的字体，例如"后现代细
体"，然后将字号和字间距适
当调大一些，如图5-100和图
5-101所示。不用设置描边，如
果设置了描边，就会破坏Vlog
的调性。

图5-100

图5-101

我特意把字幕向上移动了一点，目的是防止字幕被最后添加的"电影感"特效挡住，如图5-102和图5-103所示。

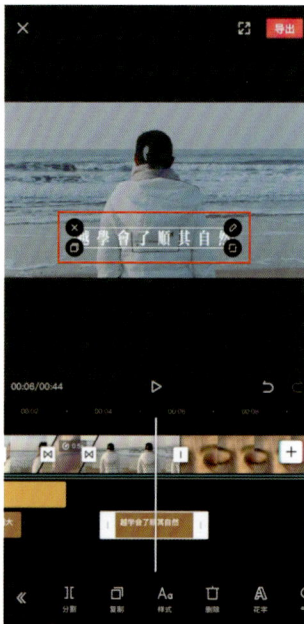

图5-102

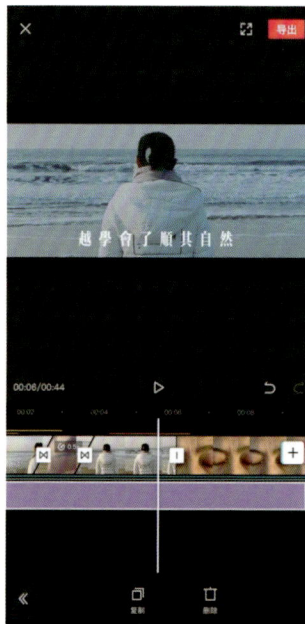

图5-103

添加音效

添加音效在这里主要指添加转场音效和环境音效。

这部Vlog的调性是文艺和意识流，所以不需要添加综艺音效，只需要在转场的地方加上合适的音效，如"呼呼""嗖嗖"音效，让转场更有氛围感。

比如，在开头过肩画面中，我加了"呼呼"音效，可以让画面更具动感，如图5-104~图5-106所示。

在女主角睁开眼睛时，配了"睁眼"音效，其实我并不知道睁眼的声音是什么样的，就是凭感觉添加的，如图5-107~图5-109所示。

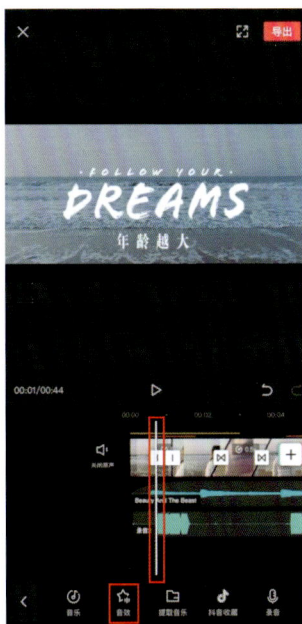

图5-104

图5-105

图5-106

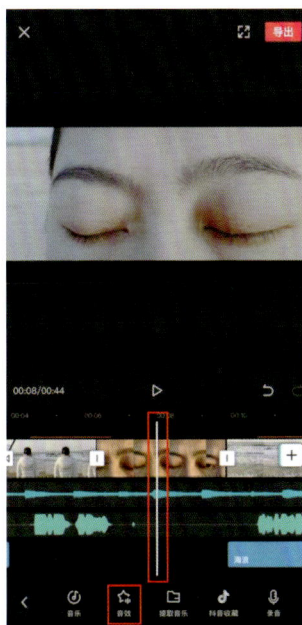

图5-107

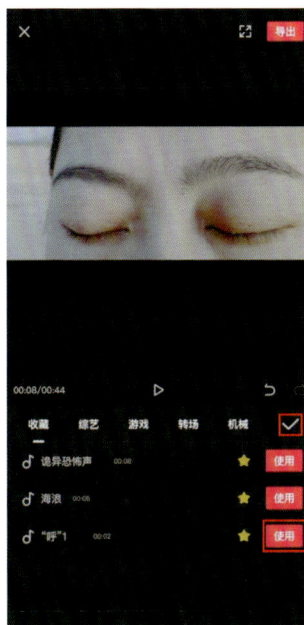

图5-108

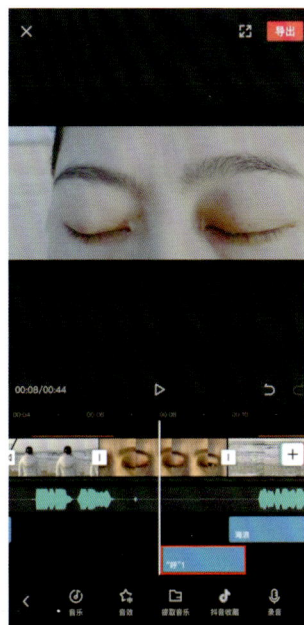

图5-109

　　在女主角看到大海的时候，可以添加"海浪"音效，这样会给人一种女主角大梦初醒的感觉，如图5-110~图5-112所示。

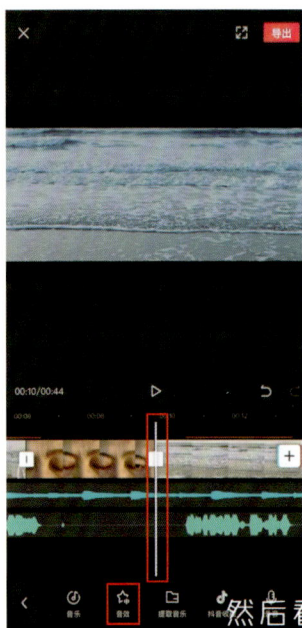

图5-110

图5-111

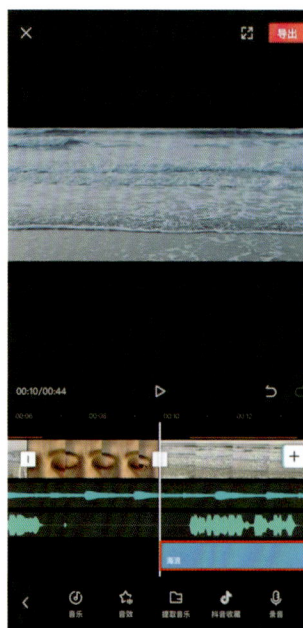

图5-112

　　在女主角挥动围巾的时候添加"突然加速"音效，可以让画面更加立体、生动，如图5-113~图5-115所示。

图5-113

图5-114

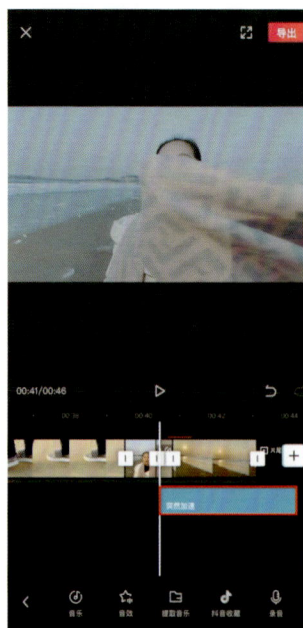

图5-115

制作片尾

　　最后，我在结尾处添加了一段剪映自带的"闪屏过渡到黑屏"的素材，又在片尾和上一个片段的衔接处添加了"叠化"特效，这样就制作完成了，如图5-116~图5-120所示。

图5-116

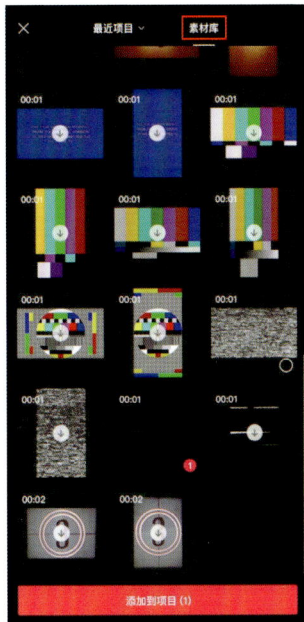

图5-117

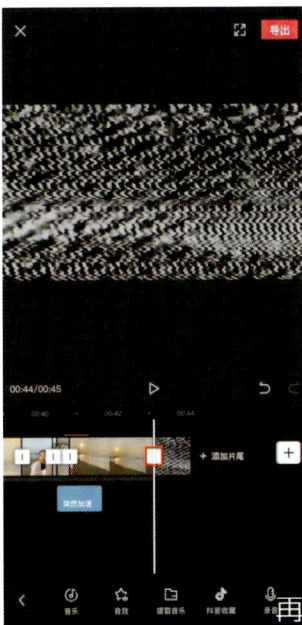

图5-118

图5-119

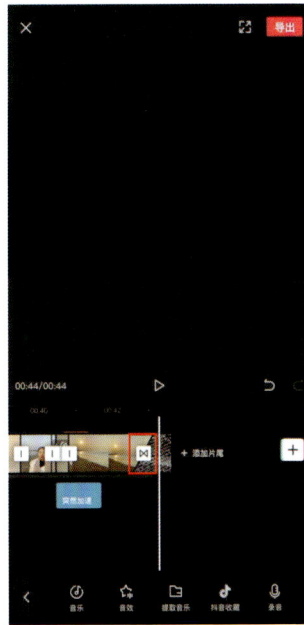

图5-120

5.5
第五步：导出视频

播放整部Vlog，如果没有什么问题，点击界面右上角的"导出"按钮，直接导出视频即可，如图5-121和图5-122所示。

图5-121

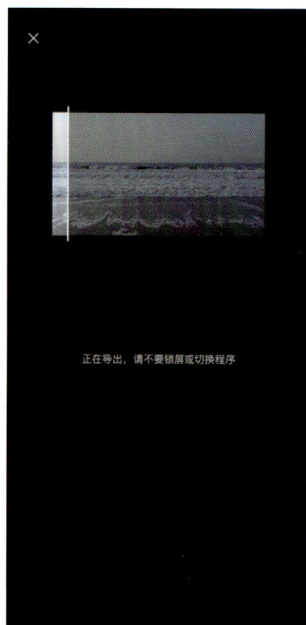

图5-122

本章展示了如何用剪映剪辑Vlog，在此过程中，我也分享了一些我个人的剪辑思路和经验。不知道你学会了没有？其实剪辑是个熟能生巧的活儿，当然也需要天赋和较强的审美能力，秘诀就是多剪辑、多观看优秀的Vlog，多琢磨别人是怎么剪辑的。

第 6 章

制作精美的视频封面图

本章首先讲解制作优质视频封面图的注意事项，然后手把手教你用手机制作精美的视频封面图，最后介绍其他适合用来制作封面图的工具。

6.1
制作优质封面图的注意事项

视频封面图的好坏决定着观众是否会点击观看你的Vlog，如果封面图不够好，视频的内容即使做得再好，可能也无缘被观众看到。

图片格式、比例、文件大小和尺寸

封面图的格式、比例、文件大小和尺寸需要符合上传平台的规定，否则会影响效果，甚至无法上传。我们来看一下各大主流视频平台对封面图相关参数的要求，如图6-1所示。

平台	图片格式	比例	文件大小	建议尺寸	最小尺寸
哔哩哔哩	jpeg或png	16∶10	≤5MB	≥1146×717	960×600
西瓜视频	jpeg或png	16∶9	≤5MB	≥1920×1080	1024×640
微博	jpeg或png	16∶9	≤5MB	≥1920×1080	无

图6-1

我们在制作封面图时，应按照上图中的要求设置封面图，以获得更好的显示效果。

> **TIPS** ◆
> 在文件大小在5MB及以下的前提下，其尺寸越大越好。

如果有多平台上传需求，我们可以做一个符合要求的最大尺寸的封面，比如1920×1080的。然后按照平台要求适当进行裁剪，平台一般都有在线裁剪工具。要注意的是，尽量把主体内容（比如人物、标题）放在中间位置，以防止主体被剪裁掉。

图片清晰

一张优质的封面图首先是清晰的，如果尺寸太小，我们强行将其拉大会导致画面变得模糊。另外，图片太黑、太亮都会影响浏览效果。图6-2比较模糊，图6-3比较暗，而图6-4又太亮了，它们都不适合用作封面图。

图6-2

图6-3

图6-4

比例不同的图片不能强行充满屏幕，我们可以截取一部分，如图6-5和图6-6所示，比如竖屏拍摄的图片，就不能强行压扁，变成横屏的封面图，否则会很难看，如图6-7所示。

图6-5

图6-6

图6-7

主体突出

　　封面图应该有主体，主体可以是人像，也可以是标题，还可以是某个你想要突出的物体、宠物等。为了突出主体，可以用抠图的方式把主体抠出来，再加上描边、阴影等效果，抠图前后的效果如图6-8和图6-9所示，这样可以让你想要突出的主体变得更加醒目，具体方法我会在后面的相关章节详细阐述。

图6-8

图6-9

封面图中的标题要精练

　　封面图中的标题一定要精练，千万别把整个视频标题都放在封面图上，这样一方面难看，另一方面通常也写不下，错误示范如图6-10所示。封面图中的标题可以是从视频标题里提炼出的关键词，一般是视频最想告诉观众的信息，或者是你觉得可以起到补充说明画面内容的作用的词或短语，切记标题要精练，正确示范如图6-11所示。

图6-10（错误示范）

图6-11（正确示范）

添加封面图装饰

　　你可以根据视频内容和封面图想传达的情绪或想要展示的风格，给封面图加上好看的贴纸、花字、边框，如图6-12和图6-13所示，让封面图显得更俏皮、时尚、有特色。

图6-12（贴纸）

图6-13（贴纸+花字）

封面图与视频内容相符

封面图可以从你要上传的视频里截取，也可以在拍摄视频时专门拍摄。从视频里截图的好处是封面图符合观众的预期，观众看到的封面图和视频内容是完全吻合的。切记不要做"封面图党"，否则观众会认为自己被骗了。

6.2
制作视频封面图的步骤

下面通过一个案例来介绍制作封面图的步骤。案例所用的工具是美图秀秀App，其图标如图6-14所示，这款App操作简单、免费、功能强大。

图6-14

第一步：准备图片

提前准备好你要用来制作封面图的图片，它通常可以从视频里直接截取。智能手机都自带截图功能，只需把视频全屏播放，在你要截图的位置暂停播放，用手机截图功能截取图片并进行调整，如图6-15~图6-20所示。你也可以在拍摄视频的时候专门拍摄照片备用，也可以在网上找素材，但是要注意版权问题。

图6-15

图6-16

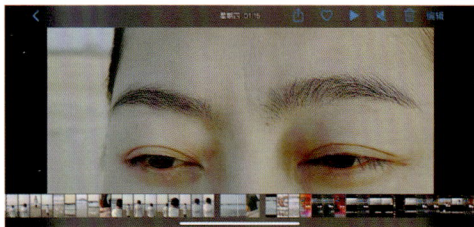

图6-17

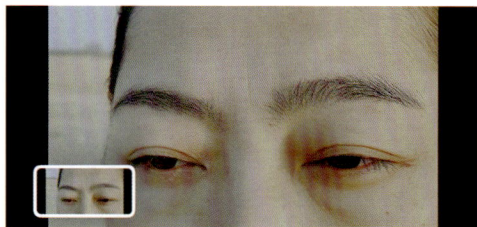

图6-18

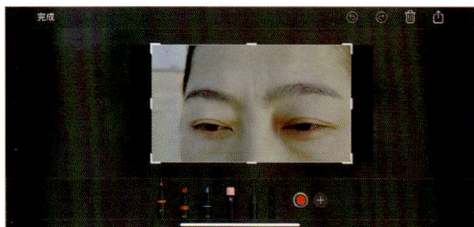

图6-19

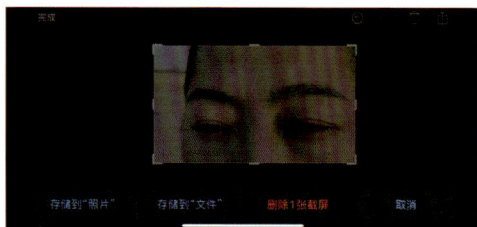

图6-20

第二步：打开图片

　　打开美图秀秀App，点击"图片美化"按钮，如图6-21所示，选择你要用来制作封面图的图片，并点击"去美容"按钮，如图6-22和图6-23所示。我用来演示的图片是我和妻子某天逛街的时候随手拍的，生活类Vlog的封面图大多与此类似，所以我就拿它来给大家进行演示。

图6-21

图6-22

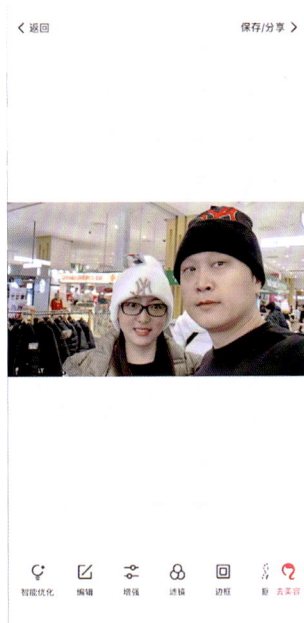

图6-23

第三步：抠图

　　点击"抠图"按钮，如图
6-24所示，因为这张照片里有
两个人物，如图6-25所示，
所以需要选择人物一个一个地
抠图。

图6-24

图6-25

先点击女主角，观察一下是否扣完整了，如图6-26所示，这么看还不错，基本上不用调整。选择底部的"描边"，如图6-27所示，我喜欢干净一点的感觉，所以选择了白色描边，你可以根据自己的喜好进行选择。

图6-26

图6-27

然后点击男主角，如图6-28所示，我发现男主角下巴右侧没有抠干净，如图6-29所示，点击控制框右下角的调整图标，选择"橡皮"，如图6-30所示，用手指在屏幕上进行涂抹，把多出来的部分擦掉。此时界面左上角有个放大镜区域，双指滑动屏幕即可放大图像，这样操作更加方便、准确。

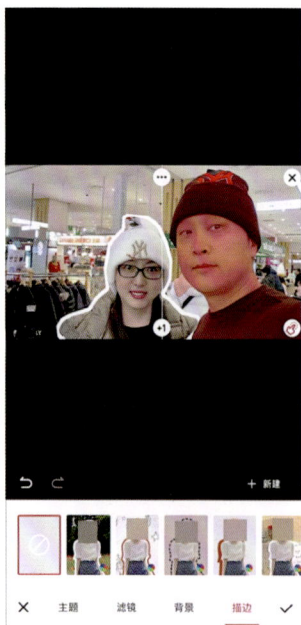

图6-28

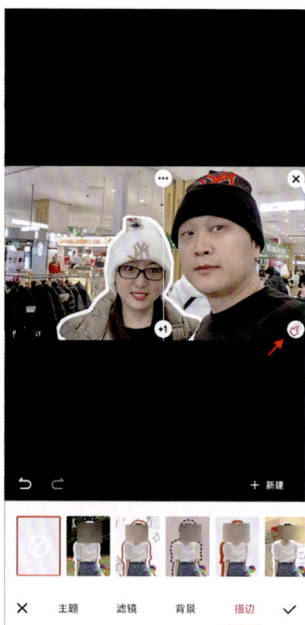

图6-29

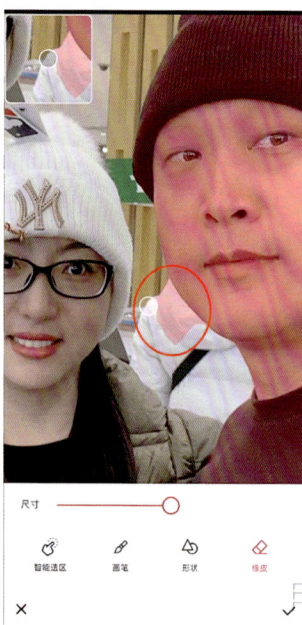

图6-30

TIPS ◆

不用擦得很仔细，差不多就行，因为封面图最终上传之后都会显得很小，这些细节通常是看不清楚的。

选择底部的"描边"，给男主角也加上白色描边，完成后点击"√"按钮，如图6-31和图6-32所示，返回上一个界面，如图6-33所示。

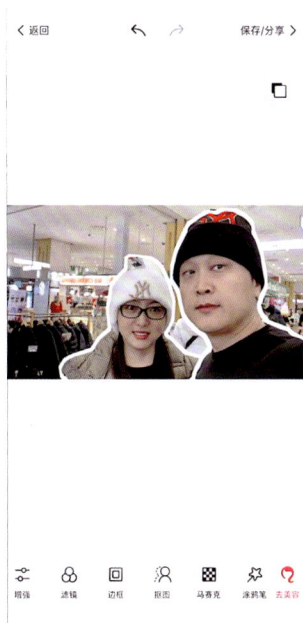

图6-31   图6-32   图6-33

第四步：添加边框

因为这是一张夫妻合照，为了烘托气氛，我决定加一个有爱心的边框。点击"边框"按钮，如图6-34所示，再点击"简单边框"，如图6-35所示，你可以选择一个喜欢的边框，效果如图6-36所示。

TIPS ◆

边框不一定非要加，你可以根据具体情况自行决定是否添加及添加哪一个。

图6-34

图6-35

图6-36

第五步：加标题

点击"文字"按钮，如图6-37所示，选择"水印"，如图6-38所示，这里有多种水印样式，大家可以根据自己的喜好进行选择。我选了"种草清单"样式。

图6-37

图6-38

点击标题可以修改文字，如图6-39所示，比如修改文字为"两公婆"，如图6-40所示，颜色也可以自行选择。点击控制框右下角的调整按钮，可以旋转和放大/缩小标题，如图6-41所示。

图6-39

图6-40

图6-41

再次选中标题，如图6-42所示，点击控制框左下角的复制按钮，复制文本，如图6-43所示。

图6-42

图6-43

选中复制的文本，修改文本为"逛街"，如图6-44所示，调整文本的角度和方向。我们还可以点击控制框左上角的翻转按钮，这样看着更加协调了，完成后点击"√"按钮，如图6-45所示，返回上一个界面，如图6-46所示。

图6-44

图6-45

图6-46

第六步：添加贴纸装饰

点击"贴纸"按钮，如图6-47所示，选择一个你喜欢的贴纸。我选了"小心心"贴纸，如图6-48所示。点击贴纸控制框右下角的调整按钮，调整贴纸的角度，然后把贴纸拖到封面图的中间偏右下的位置，如图6-49所示。

再选择一个"心形Wi-Fi"贴纸，点击贴纸控制框右下角的调整按钮，调整贴纸的角度，然后把它拖动到男主角的帽子上，一张可爱的封面图就差不多做好了，完成后点击"√"按钮，如图6-50所示，最终效果如图6-51所示。

图6-47

图6-48

图6-49

图6-50

图6-51

以上只是一个案例，实际上大家可以充分发挥自己的想象力和创造力，创作出更多有趣的封面图。

6.3
其他适合用来制作封面图的工具

　　美图秀秀虽然是一款美颜软件，但是其修图功能确实强大，而且操作非常简单、容易上手。当然，除了美图秀秀以外，还有很多功能强大且好用的作图工具，比如Photoshop，但是它对于新手来说门槛还是有点高。还有两个不错的作图工具，即图怪兽（图标如图6-52所示）和ARKIE（图标如图6-53所示），它们功能类似，都提供了大量的模板，如图6-54所示，我们导入图片和模板后稍微修改一下就能生成一张封面图，而且其设计效果很棒。你还可以进行自定义设置，制作自己的原创封面图。其中图怪兽同时提供了App和微信小程序版本。

图6-52

图6-53

图6-54

制作专业的无缝转场效果

视频剪辑中的转场主要分为两大类：第一类是技巧转场，是指套用软件自带的一些转场特效，从而制作出擦除、叠变等效果，但在比较专业的影视剧或视频中，技巧转场一般使用得比较少；第二类是无技巧转场，也称无缝转场，是指基于镜头相似度、相互间的逻辑关系而形成的镜头衔接，这种转场几乎没有痕迹，过渡非常自然，可以让视频整体看起来更专业、更有格调。本章主要讲解如何制作 Vlog 常用的 15 种无缝转场效果。

Chapter Seven

7.1
利用遮挡物转场

用手遮挡

这种转场是指在前一段视频末尾，人物用手遮住镜头；并且下一段视频从人物用手遮住镜头开始，从而让两段视频之间形成非常自然的过渡效果。

第一段　拍摄者跟拍人物走路的画面，如图7-1所示，结尾处，人物回头用手遮挡镜头，如图7-2所示。

图7-1   图7-2

第二段　换一个场景，人物用手遮挡镜头，如图7-3所示，然后放下手，同时后退，如图7-4所示。

图7-3   图7-4

最终效果如图7-5~图7-10所示。

图7-5

图7-6

图7-7

图7-8

图7-9

图7-10

用手划过

这种转场是指在前一段视频末尾，拍摄者用手划过镜头；而下一段视频从拍摄者用手划过镜头开始，从而让两段视频之间形成非常自然的过渡效果。

第一段 拍摄者跟拍人物走路的画面，如图7-11所示，结尾处，拍摄者用手划过镜头，如图7-12所示。

图7-11

图7-12

第二段　换一个场景，从拍摄者用手从镜头前划过开始，如图7-13所示，之后跟拍人物，如图7-14所示。

图7-13

图7-14

最终效果如图7-15~图7-18所示。

图7-15

图7-16

图7-17

图7-18

用身体遮挡

这种转场是指在前一段视频末尾，人物用身体遮挡镜头；下一段视频则从人物用身体遮挡镜头开始，从而让两段视频之间形成非常自然的过渡效果。

第一段 结尾处，从人物面部开始从右向左环绕拍摄，结束时镜头要尽量靠近人物背部，此时画面接近全黑，如图7-19~图7-22所示。

图7-19

图7-20

图7-21

图7-22

第二段 换一个场景，但前进方向保持一致，从镜头靠近人物背部从右向左环绕拍摄开始，最后回到人物面部，也就是第一段视频开始的地方，如图7-23~图7-25所示。

图7-23

图7-24

图7-25

最终效果如图7-26~ 图7-29所示。

图7-26

图7-27

图7-28

图7-29

破门而入

　　这种转场是指在前一段视频末尾，镜头尽量靠近门；下一段视频在开始处则最好添加变速效果，仿佛人物是从刚才的门中出来一样，从而让两段视频之间形成非常自然的过渡效果。

　　第一段　在结尾处找一扇门，拍摄向前推进的镜头，镜头结束时尽量靠近门，如图7-30~图7-33所示。

图7-30

图7-31

图7-32

图7-33

第二段 换一个场景，拍摄向前推进的镜头，如图7-34和图7-35所示。

图7-34

图7-35

最终效果如图7-36~图7-41所示。

图7-36

图7-37

图7-38

图7-39

图7-40

图7-41

用柱子遮挡

这种转场是用柱子作为遮挡物来实现场景的切换，从而将两个场景无缝衔接起来。

第一段　结尾处，拍摄者侧面跟随拍摄人物行走并经过柱子的镜头，镜头结束时拍摄者要尽量靠近柱子，让画面接近全黑，如图7-42~图7-44所示。

图7-42

图7-43

图7-44

第二段　换一个有柱子的场景开始拍摄，镜头贴近柱子，从柱子开始拍摄，拍摄者侧面跟随拍摄人物行走的镜头，如图7-45~图7-47所示。

图7-45

图7-46

图7-47

最终效果如图7-48~图7-51所示。

图7-48

图7-49

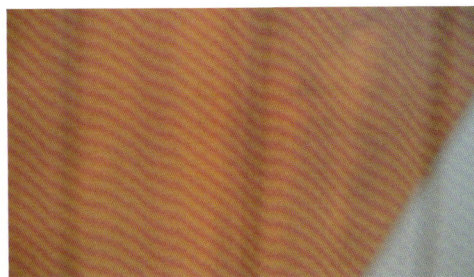

图7-50

图7-51

　　我们还可以换一个移动方向。在第一段结尾处，从下至上拍摄人物行走的镜头，镜头结束时靠近上方的遮挡物；在第二段开始处，换一个地面有遮挡物的场景，贴近遮挡物，从遮挡物开始向上拍摄人物行走的镜头。

　　最终效果如图7-52~图7-55所示。

图7-52

图7-53

图7-54

图7-55

TIPS ◆ **制造黑场**

利用遮挡物转场时，重点是手动制造一个全黑的画面，以连接两个完全不同的场景。

7.2
利用相同或相似的动作或物体转场

"移形换影"

　　这种转场实际上是利用镜头的跳跃与人物的跳跃实现的，人物仿佛由一个场景跳入了另外一个场景。

第一段　结尾处，拍摄者下压镜头拍摄一段画面，镜头快结束时跳起，如图7-56~图7-59所示。

图7-56

图7-57

图7-58

图7-59

第二段　换一个场景，用同样的方法拍摄跳跃镜头，如图7-60~图7-63所示。

图7-60

图7-61

图7-62

图7-63

最终效果如图7-64~图7-67所示。

图7-64

图7-65

图7-66

图7-67

TIPS　◆　相同的运动方向

为了让画面衔接得更顺畅，拍摄时，无论是运镜方向还是人物的行走方向，都要保持一致。

拉手穿越

这种转场实际上是利用比较特殊但又相似的动作进行镜头衔接，从而使场景实现自然切换的。

第一段　结尾处，拍摄者拍摄自己拉着人物的手走动的镜头，如图7-68和图7-69所示。

图7-68

图7-69

第二段　换一个场景，拍摄者继续拍摄自己拉着人物的手走路的镜头，尽量保持画面构图一致，如图7-70和图7-71所示。

图7-70

图7-71

最终效果如图7-72~图7-75所示。

图7-72

图7-73

图7-74

图7-75

用背包遮挡

这种转场与用身体遮挡转场比较相似，其是指通过相同或相似的物体衔接两个镜头，最终实现无缝转场。

第一段　结尾处，拍摄向前推进、靠近背包的镜头，镜头在结束时应尽量靠近背包，如图7-76和图7-77所示。

图7-76

图7-77

第二段 换一个场景，从靠近背包的画面开始拍摄，镜头逐渐拉远，如图7-78和图7-79所示。

图7-78

图7-79

最终效果如图7-80~图7-85所示。

图7-80

图7-81

图7-82

图7-83

图7-84

图7-85

任意门

　　这种转场是利用门作为衔接镜头的元素实现的，唯一需要注意的是门的推开方向在画面中应保持一致。

　　第一段　结尾处，拍摄者侧面跟随拍摄人物走进大门的镜头，镜头结束时靠近墙面，如图7-86~图7-88所示。

图7-86

图7-87

图7-88

　　第二段　换一个场景，拍摄人物从另一扇门里走出来的镜头，如图7-89~图7-91所示。

图7-89

图7-90

图7-91

最终效果如图7-92~图7-98所示。

图7-92

图7-93

图7-94

图7-95

图7-96

图7-97

图7-98

利用天空转场

这种转场是利用天空实现镜头衔接的。

第一段　结尾处，由下至上拍摄从人物到天空的镜头，如图7-99~图7-101所示。

图7-99

图7-100

图7-101

第二段　换一个场景，由上至下拍摄从天空到人物的镜头，如图7-102~图7-104所示。

图7-102

图7-103

图7-104

最终效果如图7-105~图7-111所示。

图7-105

图7-106

图7-107

图7-108

图7-109

图7-110

图7-111

利用地面

除天空外，地面也可以用来衔接两个镜头，让转场变得自然、流畅。

第一段　结尾处，由上至下拍摄从人物到地面的镜头，如图7-112和图7-113所示。

图7-112

图7-113

第二段　换一个场景，由下至上拍摄从地面到人物的镜头，如图7-114和图7-115所示。

图7-114

图7-115

最终效果如图7-116~图7-121所示。

图7-116

图7-117

图7-118

图7-119

图7-120

图7-121

TIPS ◆

尽量保持前后两段素材中的人物在画面里的位置相同、大小相同。前后两段素材里，运镜方向和人物的运动方向应保持一致。

7.3
旋转转场

挥动物体

这种转场是利用挥动起来的元素来衔接镜头的。

第一段　结尾处，拍摄人物面向镜头挥动物体的画面，如图7-122和图7-123所示。

图7-122

图7-123

第二段　换个场景，拍摄一个和人物挥动物体的方向相同的镜头，如图7-124和图7-125所示。

图7-124

图7-125

最终效果如图7-126~图7-129所示。

图7-126

图7-127

图7-128

图7-129

天旋地转

这种转场没有利用特定的元素，而是利用画面的旋转变化来实现镜头的衔接的。

第一段　结尾处，旋转运镜，拍摄人物和场景，如果有稳定器，可以使用盗梦空间功能，如图7-130和图7-131所示。

图7-130

图7-131

第二段　换一个场景，旋转运镜拍摄和前一段素材的旋转方向相同的镜头，如图7-132和图7-133所示。

图7-132

图7-133

最终效果如图7-134~图7-141所示。

图7-134

图7-135

图7-136

图7-137

图7-138

图7-139

图7-140

图7-141

环绕

这种转场与之前介绍的旋转转场相似，也是利用画面的相似变化实现镜头的衔接的。

第一段　结尾处，拍摄以人物为中心的，从左至右的环绕镜头，如图7-142~图7-145所示。

图7-142

图7-143

图7-144

图7-145

第二段　换一个场景，拍摄和前一段环绕方向相同的素材，如图7-146~图7-149所示。

图7-146

图7-147

图7-148

图7-149

拍摄多段素材并把它们衔接起来，效果会更好。

最终效果如图7-150~图7-163所示。

图7-150

图7-151

图7-152

图7-153

图7-154

图7-155

图7-156

图7-157

图7-158

图7-159

图7-160

图7-161

图7-162

图7-163

TIPS ◆

前后两段素材的镜头运动方向要保持一致。人物的运动方向要保持一致。构图时尽量保证人物处于画面的中心。

听话的相机

这种转场利用人物的手部与相机的互动实现镜头的衔接。

第一段　结尾处，拍摄人物多次前后推拉手部的画面，在拍摄最后一次拉远的镜头时，拍摄者边拍边后退，如图7-164~图7-167所示。

图7-164

图7-165

图7-166

图7-167

第二段 换一个场景，拍摄和前一段相同的运动镜头，在拍摄最后一个拉远的镜头时，拍摄者边拍边后退，如图7-168~图7-171所示。

图7-168

图7-169

图7-170

图7-171

第三段 再次换个场景，拍摄以人物为中心、从左至右的环绕镜头，如图7-172~图7-175所示。

图7-172

图7-173

图7-174

图7-175

最终效果如图7-176~图7-191所示。

图7-176

图7-177

图7-178

图7-179

图7-180

图7-181

图7-182

图7-183

图7-184

图7-185

图7-186

图7-187

图7-188

图7-189

图7-190

图7-191

7.4
剪辑重点

下面总结了实现无缝转场的一些关键点。

1. 找到两段素材需要衔接的点

需要衔接的点可以是第一段素材结束时和第二段素材开始时的黑场部分，第一段素材结束时和第二段素材开始时的模糊部分。如果这个点是相同的物体，那么它应当出现在第一段素材结束时和第二段开始时，并且物体在画面中的大小应基本一致；如果物体在画面中的大小不一致，可以加上叠化转场。

2. 添加变速效果

在第一段素材结束时和第二段素材开始时添加加速效果。

3. 加入音效

在转场的位置添加合适的音效，可使观众产生身临其境的感觉。

4. 添加电影遮罩

添加电影遮罩会让画面更具电影感。

5. 调色

对画面进行适当的调色。

6. 添加背景音乐

选择并添加合适的背景音乐。

一键制作精彩炫酷的Vlog

本章将介绍一款适合新手使用的、操作
非常简单的 Vlog 剪辑 App——Quik。
你只需要把日常拍摄的素材导入 Quik，
添加喜欢的效果，就可以一键生成炫酷
的 Vlog 了。

Chapter Eight

8.1
案例效果展示

首先来看一下使用Quik一键生成的Vlog成片，效果如图8-1~图8-8所示。

图8-1

图8-2

图8-3

图8-4

图8-5

图8-6

图8-7

图8-8

8.2
Quik 简介

　　本案例所使用的App是Quik，我们在苹果手机和安卓手机的应用市场都可以免费下载。Quik（图标如图8-9所示）是GoPro（图标如图8-10所示）官方推出的剪辑软件，其功能定位就是帮助用户一键生成短片。它能够帮助我们节省大量剪辑的时间，降低了剪辑的门槛。

图8-9

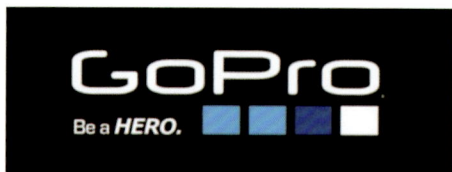

图8-10

8.3
用Quik制作精彩的Vlog

初始设置

点击Quik的图标，如图8-11所示，打开Quik，点击界面右上角的设置按钮，如图8-12所示。开启"以1080p高清方式保存视频"开关，如图8-13所示，这样可以让输出视频的画质更好。

如果你还想把导出的视频导入其他剪辑软件继续剪辑，可以开启"以60FPS保存视频"开关，如图8-14所示。

手机不同，有可能设置的选项也略有不同，大家可以自行研究一下。

图8-11

图8-12

图8-13

图8-14

导入视频素材

　　点击界面底部的"+"按钮，如图8-15所示，选择你要导入的视频素材，如图8-16所示。选中视频以后，视频缩略图上会出现一个"HILIGHT"按钮。点击"HILIGHT"按钮，进入HILIGHT界面，可以选择视频里的精彩镜头。此时只需要边播放边观看，点击底部的圆形按钮，如图8-17所示，选择你认为精彩的镜头。

图8-15

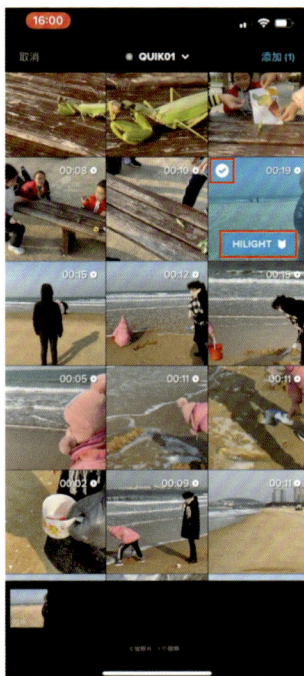

图8-16

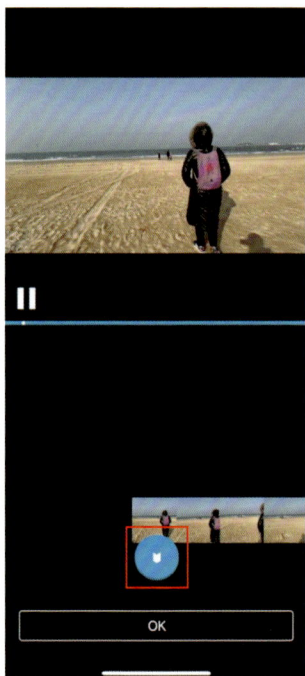

图8-17

　　完成后点击"OK"按钮，如图8-18所示，返回选择界面，继续选择其他视频素材，选择完成后，点击右上角的"添加"按钮，如图8-19所示，即可导入选中的所有视频素材。

TIPS ◆

你选择的顺序就是视频素材播放的顺序，当然选错了也没关系，后面还可以修改。

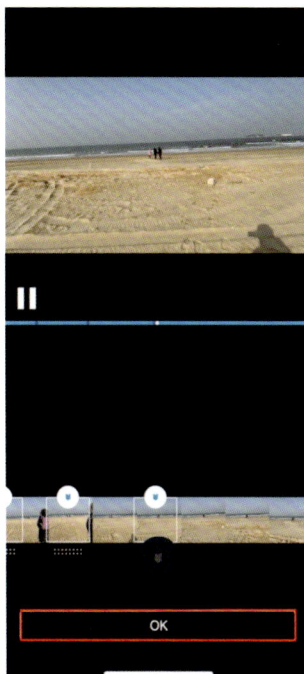

图8-18

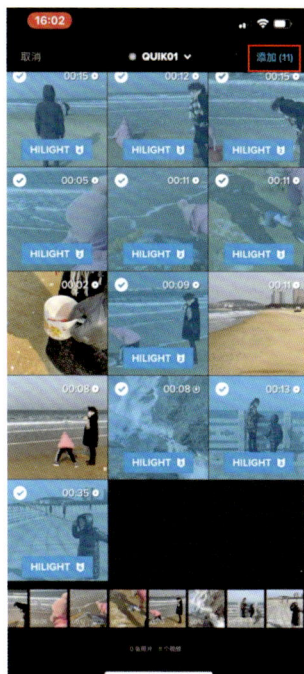

图8-19

视频编辑

　　界面中间是官方预置的模板选项，如图8-20所示。如果你想节省时间，可以直接挑选一个喜欢的模板，然后点击"保存"按钮，如图8-21所示，该App会自动生成一部Vlog。

　　如果想自定义你的视频效果，那就继续往下看吧！

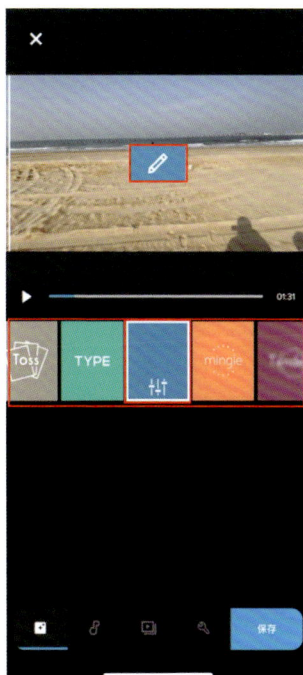

图8-20

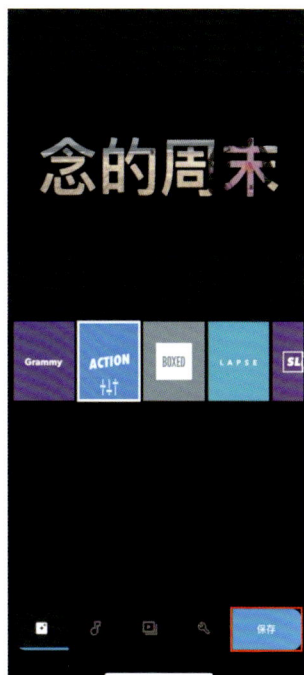

图8-21

编辑单个素材

选择一个喜欢的模板，点击编辑图标，如图8-22所示，就可以进入单个素材的编辑界面了，如图8-23所示。

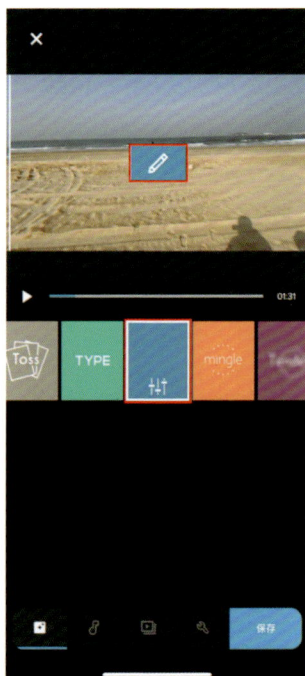

图8-22

图8-23

点击"文字"按钮，如图8-24所示，可以添加文字标题，如图8-25所示。

图8-24

图8-25

点击"亮点"按钮，如图
8-26所示，可以重新调整前面
选择的精彩镜头，如图8-27
所示。

图8-26

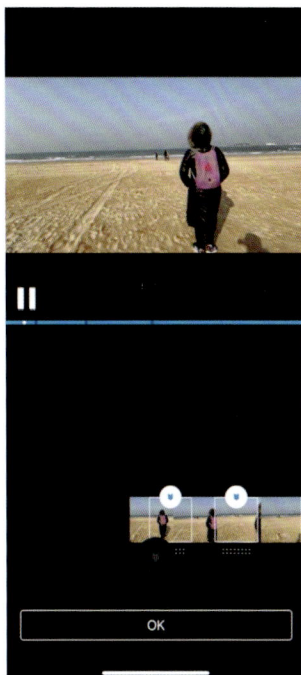

图8-27

点击"修剪"按钮，如图
8-28所示，可以调整素材的时
长，如图8-29所示。

图8-28

图8-29

点击"调整"按钮，如图8-30所示，可以旋转、翻转素材，如图8-31所示。左右滑动水平仪，还可以调整素材的倾斜角度，如图8-32所示。

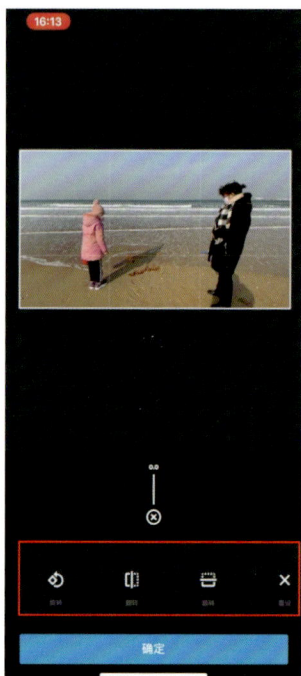

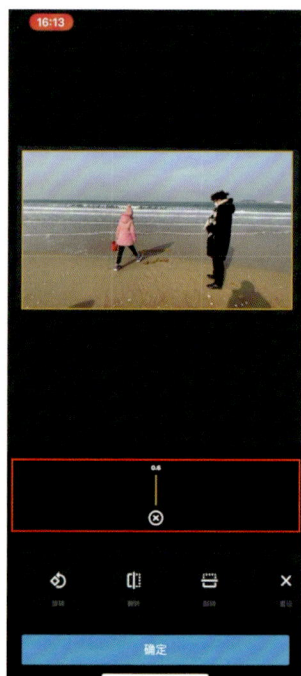

图8-30 图8-31 图8-32

点击"音量"或"速度"按钮，如图8-33所示，可以调节素材的音量、播放速度。点击"复制"按钮，如图8-34所示，可在原素材的前方复制一段视频。点击"删除"按钮，可以删除不想要的素材，如图8-35所示。

图8-33 图8-34 图8-35

点击素材两边的"+"按
钮，如图8-36所示，可以在
视频前后插入其他素材，如图
8-37所示。

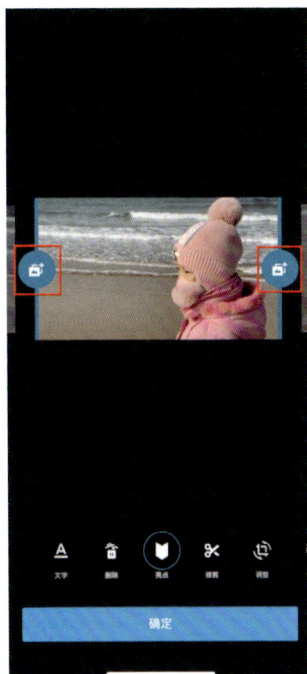

图8-36

图8-37

如果素材里有照片，你
可以点击"对焦"按钮，如图
8-38所示，选择照片中的主
体，Quik会根据你的选择自
动生成展示焦点，如图8-39
所示。

图8-38

图8-39

修改音乐

点击界面底部的音乐图标，如图8-40所示，选择你喜欢的音乐，如图8-41所示。

图8-40

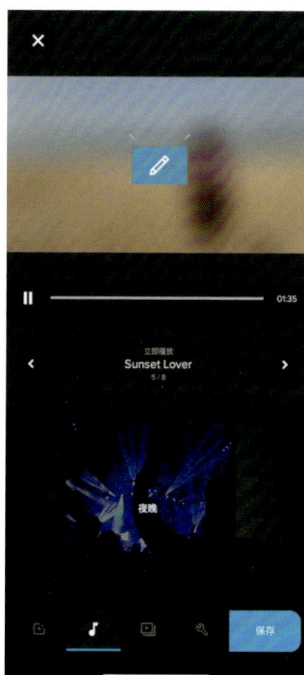

图8-41

调整素材顺序

点击界面底部的调整按钮，如图8-42所示，按住某个素材，如图8-43所示，就可以拖动该素材、调整顺序了，如图8-44所示。

调整顺序后的素材如图8-45所示。

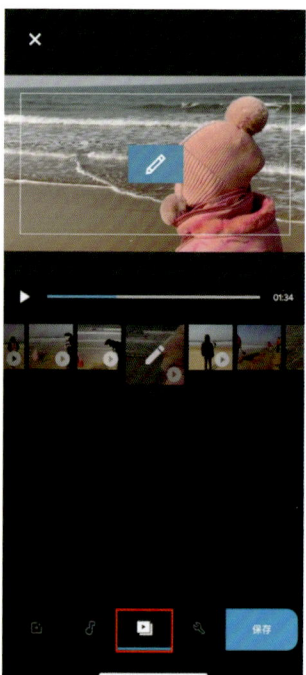

图8-42

图8-43

图8-44

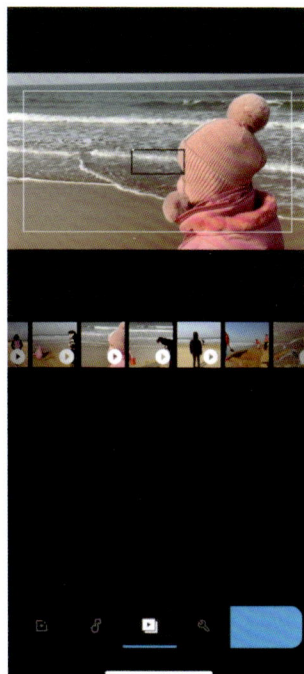

图8-45

视频设置

点击界面底部的扳手按钮，如图8-46所示，可以设置视频的格式、持续时间、音乐开始的时间和滤镜，如图8-47所示。

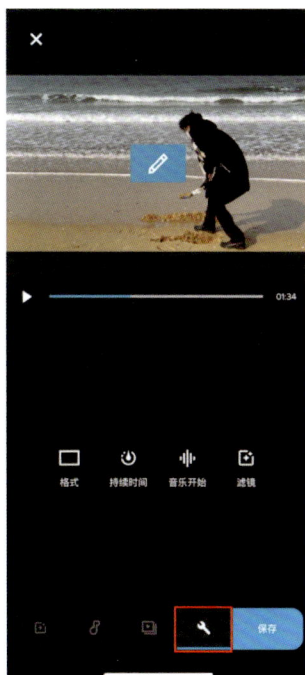

图8-46

图8-47

1. 格式

点击界面底部的"格式"按钮，如图8-48所示，可以选择导出视频的画幅比例。"胶片"是指导出视频的画幅比例为16：9，适用于发布横屏视频，如图8-49所示；"正方形"是指导出视频的画幅比例为1：1，适用于要在微信朋友圈、微博发布的视频，如图8-50所示；"竖向"是指导出视频的画幅比例为9：16，适用于要上传抖音的视频，如图8-51所示。

不同于其他剪辑App，Quik在用户重新选择画幅比例以后，会自动调整其他元素，使其他元素自动适配新的画幅比例，这项功能还是很方便的。

2. 持续时间

点击"持续时间"按钮，如图8-52所示，可以选择自动生成的视频的时长。很有意思的是，Quik会自动给出几个时长选项，我们拖动横条上的圆形按钮就可以进行选择，如图8-53所示。界面上还会给出提示，比如选择"精彩音乐结尾"（见图8-54）就意味着视频结束时刚好是音乐的一个结束点，这样设置的视频看起来会很舒服。

图8-48

图8-49

图8-50

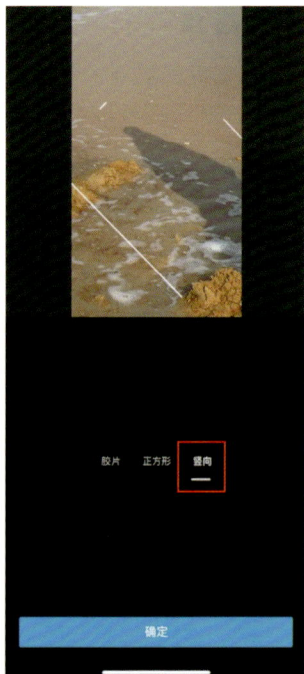

图8-51

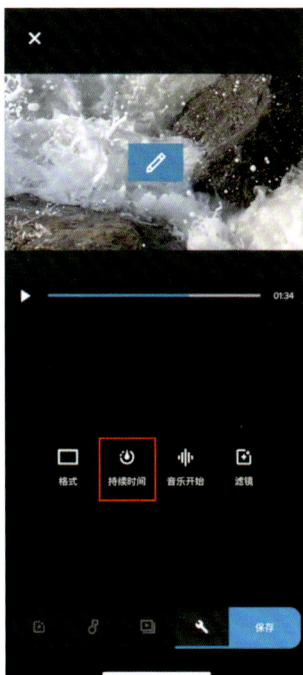

图8-52

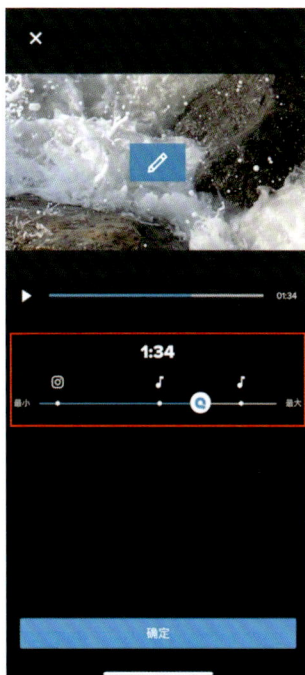

图8-53

图8-54

3. 音乐开始

点击"音乐开始"按钮，如图8-55所示，可以编辑音乐的起点，如图8-56所示。我一般不会修改它。再说这项功能也比较简单，通常没什么可调整的余地。

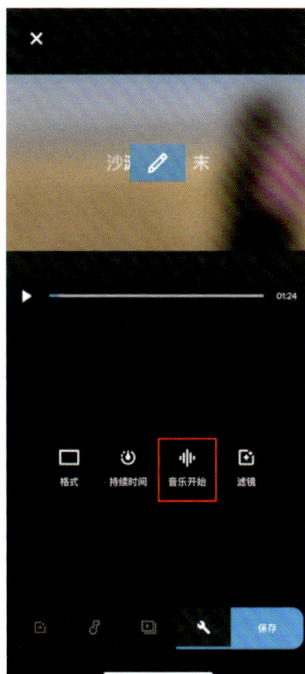

图8-55

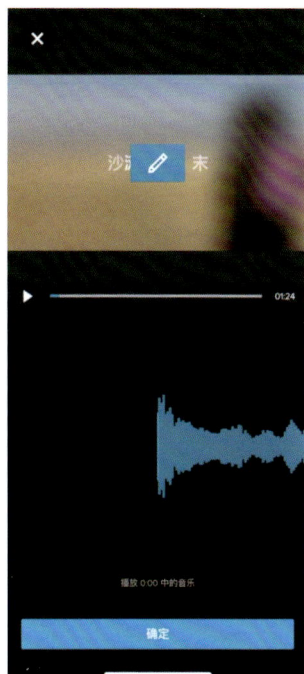

图8-56

4.滤镜

点击"滤镜"按钮，如图8-57所示，官方提供了很多滤镜，大家可行自行选择，如图8-58所示，不过找感觉这些滤镜的效果都很一般。

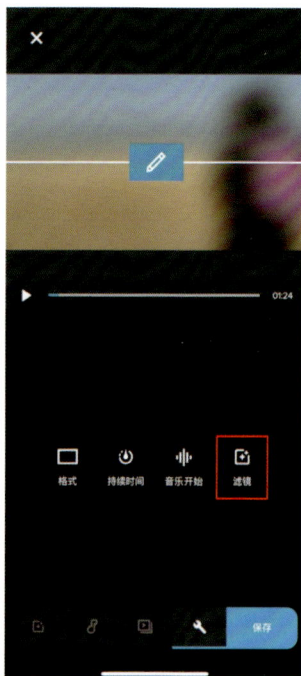

图8-57

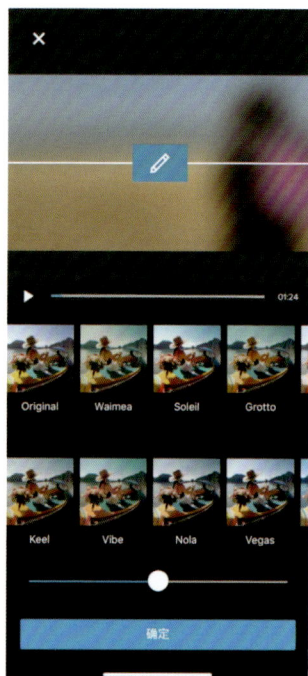

图8-58

导出视频

点底部的"保存"按钮，如图8-59所示，再点击"照片库"，如图8-60所示，这样就可以将制作好的Vlog保存到手机照片库里了，如图8-61所示。

你也可以点击界面左上角的"×"按钮，如图8-62所示，Quik会自动保存你的草稿，下次你打开Quik就可以点击右上角的编辑按钮接着编辑，如图8-63所示。

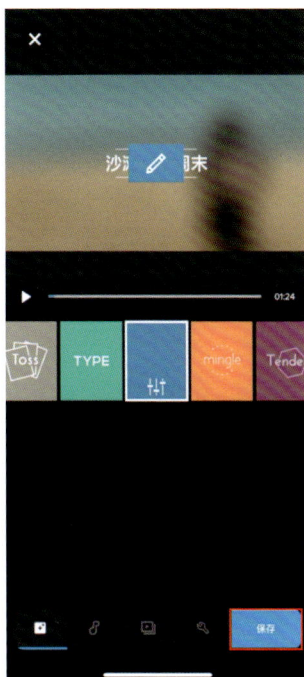

图8-59

图8-60

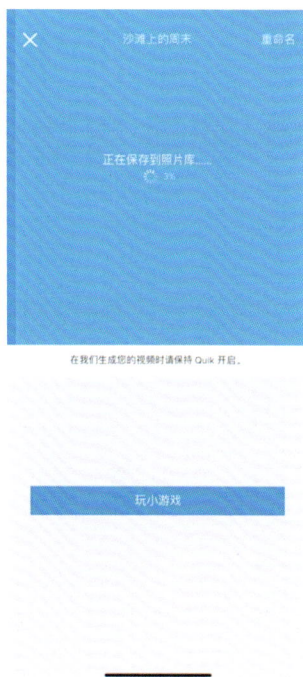

图8-61

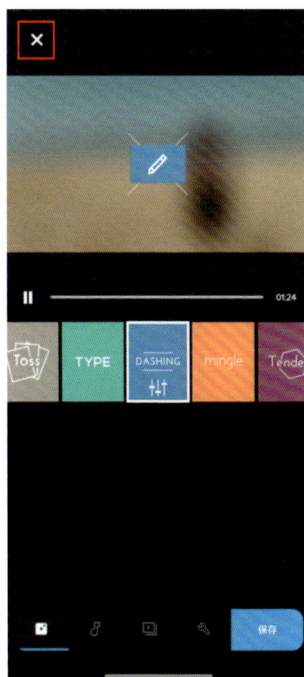

图8-62

图8-63

Quik很适合新手制作自己的Vlog。其缺点是不够灵活，只能用官方自带的一些模板自动生成效果；优点则是操作简单，我们可以轻松地制作出一段好看的视频。用Quik制作的视频也很适合作为补充素材，比如简单的Vlog片头、用照片制作的快闪视频等。你还可以把用Quik制作的视频导入剪映或其他剪辑App里，加上特效、贴纸、画外音等元素，让你的Vlog更有趣。

VN视迹簿功能详解与剪辑流程

VN 视迹簿（以下简称 VN）是一款功能
非常强大，并且免费的手机端视频剪辑
App，具有含多条轨道的时间轴、关键
帧、遮罩、坡度变速、自由导入剪辑素
材等功能，对于很多 Vlogger 来说，这
一款 App 就够用了。

本章将以一个综合性案例作为载体，介
绍 VN 的功能与剪辑流程。

Chapter Nine

9.1
VN视迹簿简介

　　VN视迹簿（以下简称VN，图标如图9-1所示）最多支持含5条轨道的时间轴，具备强大的关键帧动画、遮罩蒙版、坡度变速、自由导入字体、音乐、音效、表情包等剪辑素材，支持用户自己创建模板等功能，用户可以直接导入素材生成固定格式的视频。实际上，上述功能中的很多功能是电脑端主流剪辑软件Premiere和Final Cut Pro才有的！

图9-1

9.2
VN视迹簿剪辑流程（功能详解）

初始设置

　　点击VN的图标，如图9-2所示，打开VN，点击界面右上角的设置按钮，如图9-3所示，再点击"导出设置"，关闭"原视频分辨率/帧率导出"，同时设置"分辨率"为"1080p"，"帧率"为"30"fps，如图9-4所示。因为大部分视频平台的分辨率都是1080p，帧率都是30 fps，选择更高的分辨率和帧率只会浪费你的手机内存。

　　设置"轨道数量上限"为"5"，如图9-5所示，以便后期添加效果。然后打开"4K压缩到1080p"和"压缩高码率视频"，如图9-6所示。最后关闭"水印"，如图9-7所示。

图9-2

图9-3

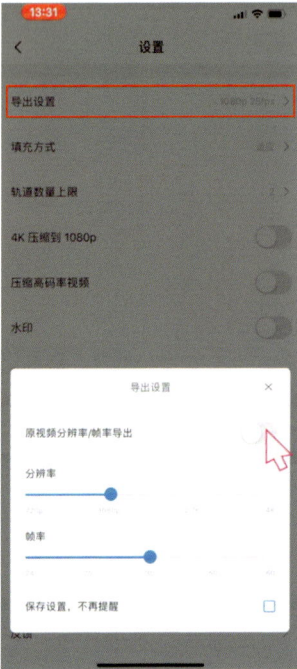

图9-4

图9-5

图9-6

图9-7

导入视频素材

点击界面底部的"+"按钮，如图9-8所示，可以看到打开的页面有3个选项，分别是"最近项目""素材""模板"，如图9-9所示。

点击"最近项目"按钮，可以导入你手机里拍好的视频，如图9-10所示。

点击"素材"按钮，可以看到官方提供了黑场和白场的素材，如图9-11所示。

点击"模板"按钮，可以自己创建模板，也可以下载别人做好的模板，如图9-12所示。

图9-8

图9-9

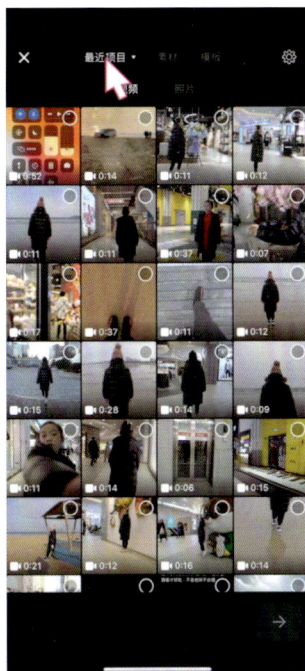

图9-10

图9-11

图9-12

这里我先导入几个我手机里的视频。回到"最近项目",选择要导入的视频,点击界面底部的导入按钮,如图9-13所示,即可将视频导入剪辑项目中,如图9-14所示。

图9-13

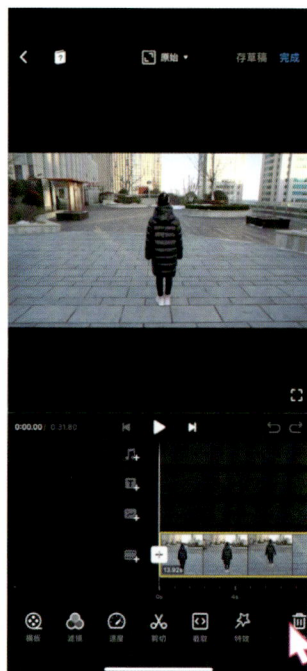

图9-14

点击比例按钮,如图9-15所示,选择"16:9"的画幅比例,如图9-16所示。

图9-15

图9-16

TIPS　◆

正常剪辑时选择16∶9的画幅比例即可。如果是上传抖音或快手的视频，可以选择9∶16的画幅比例，如图9-17所示；如果你想尝鲜，也可以试试1∶1或圆形的画幅比例，分别如图9-18和图9-19所示。此外，如果素材的画幅比例和设置的不一致，VN会自动填充背景。

图9-17

图9-18

图9-19

视频编辑

点击界面中间的播放按钮，如图9-20所示，可以进行预览。点击旁边的跳转按钮，如图9-21所示，可以直接跳到下一个素材。最右侧的是"撤销"和"恢复"按钮，如图9-22所示，方便你退回上一步操作。

图9-20

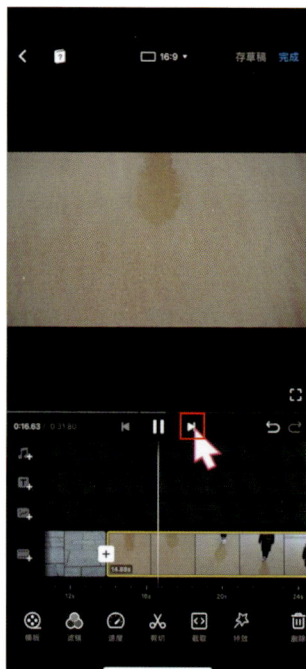

图9-21

图9-22

下面就是剪辑的界面了。手指左右滑动时间线，VN会自动帮你选中素材，如图9-23所示，这种设计非常符合用户的使用习惯。

图9-23

VN引入了电脑剪辑软件的含多条轨道的时间轴功能。音乐、字幕、图片、视频等素材被有序地叠放在时间轴上，如图9-24~图9-26所示。

图9-24

图9-25

图9-26

添加音乐

点击音乐按钮，可以看到"音乐""音效""录音"3个按钮，如图9-27所示。

点击"音乐"按钮，如图9-28所示，可以看到官方提供了3种类别的音乐，如图9-29所示，它们都是无人声的音乐，并且质量都还不错，非常适合放在Vlog里，比很多流行音乐更合适。

如果你想使用自己选好的音乐，VN还提供了自定义音乐的功能。点击"我的音乐"按钮，如图9-30所示；再点击"+"按钮，选择"从视频提取"，如图9-31所示，可以从手机的本地视频中提取音乐，如图9-32所示。

图9-27

图9-28

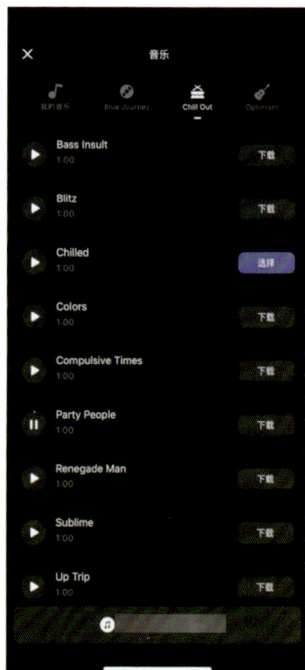

图9-29

图9-30

图9-31

图9-32

提取后的音乐会被添加至"我的音乐"库里，如图9-33所示。

我个人最爱用的是Wi-Fi传输功能。点击"+"按钮，选择"Wi-Fi传输"，如图9-34所示，按照提示进行操作即可，如图9-35所示。

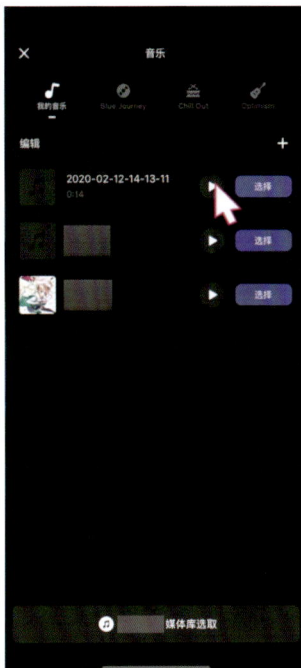

图9-33

图9-34

图9-35

TIPS ◆

在使用Wi-Fi传输功能时，需要保证你的手机和电脑在同一局域网内，也就是连接同一Wi-Fi。

下面介绍Wi-Fi传输功能的使用方法。

第一步　在电脑浏览器搜索栏中输入手机屏幕上的地址，如图9-36所示。

图9-36

第二步 点击"Upload Files"按钮，如图9-37所示，在电脑文件夹中找到你已经下载好的mp3格式文件，单击选择一个你想要的文件。

图9-37

刚才选择的mp3格式文件已经出现在音乐列表里了，如图9-38所示。

图9-38

可以看到，手机端VN的"我的音乐"库里也已经出现了刚才在电脑上选择的音乐，如图9-39所示。

选择你要添加的音乐，如图9-40所示，这里可以选取片段、调节音量、设置淡入淡出效果，如图9-41所示；还可以给音乐添加节拍，如图9-42所示。其中，添加节拍功能可以用来制作卡点视频，我在后面的章节中会给大家详细介绍如何制作卡点视频。

图9-39

图9-40

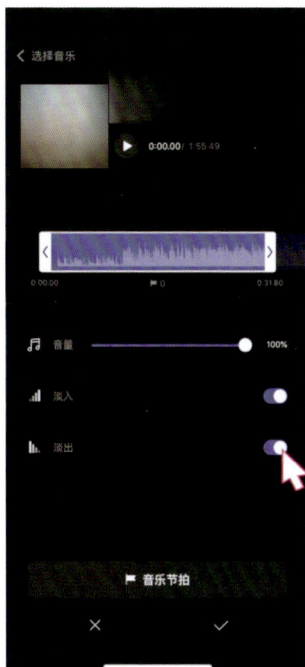

图9-41

图9-42

　　如果身边没有电脑，你还可以用QQ、微信等把音乐导入VN；苹果手机和苹果电脑用户可以使用AirDrop（隔空投送）功能，将音乐从电脑直接传输到手机，如图9-43所示。安卓手机用户直接选择本地音乐即可。

图9-43

设置好后，点击"√"按钮，如图9-44所示，返回主界面。这时我们可以继续对刚才添加的音乐进行编辑，如图9-45所示，还可以继续添加音效。VN最多可以叠加5条轨道时间轴，如图9-46所示。

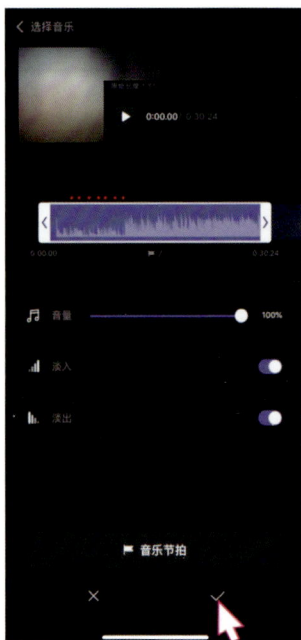

图9-44

图9-45

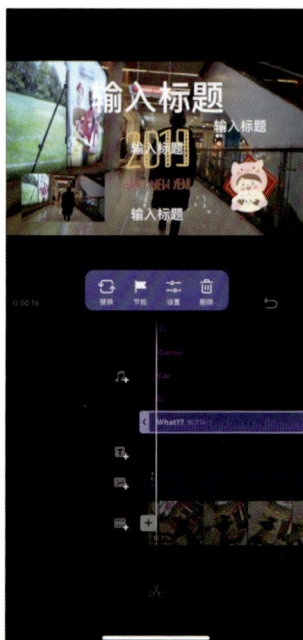

图9-46

添加字幕

点击字幕按钮，如图9-47所示，可以看到官方提供了很多字幕样式，如图9-48所示。这里我随便选择一个字幕样式，如图9-49所示。

添加字幕后，如果对现在的字幕样式不满意，可以重新选择其他字幕样式，如图9-50和图9-51所示。

图9-47

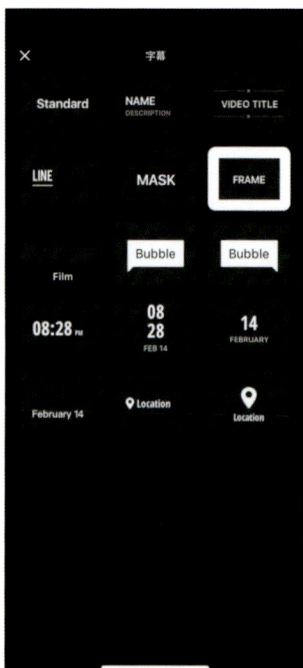

图9-48

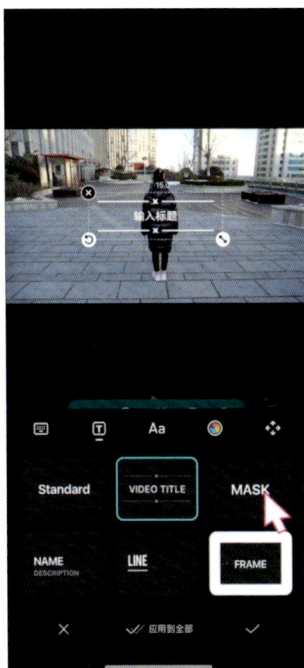

图9-49

图9-50

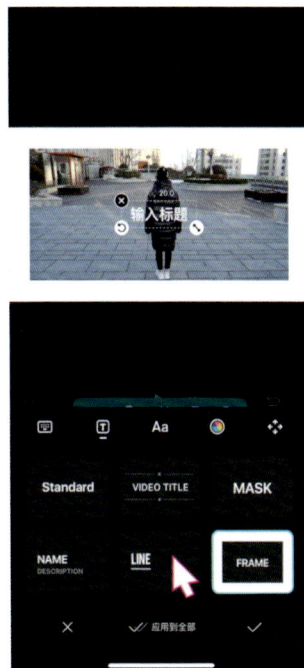

图9-51

你还可以设置字体，如图9-52所示，官方提供了一些常用的字体，有中文字体，也有英文字体。

图9-52

VN支持用户自行导入字体，有些字幕格式还支持竖排，其功能真的是非常强大。点击"+"按钮，如图9-53所示，可以通过"Wi-Fi"传输或者"AirDrop、微信、QQ导入"功能导入字体，如图9-54所示。

TIPS ◆

官方提供了详细的导入教程，大家可以自行查看。

图9-53　　　　　　　　　　图9-54

另外，VN还支持竖排字幕，如图9-55所示，这是很多剪辑App没有的功能。当然，你还可以自由地设置字体的样式，包括颜色、不透明度、背景、字间距等，如图9-56所示。

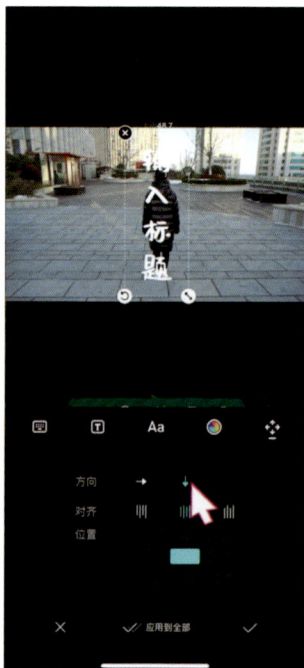

图9-55　　　　　　　　　　图9-56

VN的字幕支持应用关键帧动画，这意味着我们可以利用关键帧动画创作各种各样的字幕效果，如图9-57所示。

第一组标题的动画样式如图9-58~图9-61所示。

图9-58

图9-57

图9-59

图9-60

图9-61

第二组标题的动画样式如图9-62~图9-65所示。

图9-62

图9-63

图9-64

图9-65

当然，VN也自带一些预置动画效果，我们可以直接调用。点击"动画"按钮，如图9-66所示，可以添加入场动画、退场动画和循环动画，如图9-67所示。你如果喜欢动画字幕，不妨试一试。

图9-66

图9-67

和音乐一样，字幕也支持添加多条轨道，如图9-68和图9-69所示，这样我们就有很大空间可以自由发挥了。具体的使用方法我会在后面的案例里详细介绍给大家。

图9-68

图9-69

添加视频／照片或者贴纸

字幕的下面还有一个素材按钮。点击素材按钮，如图9-70所示，可以添加视频/照片或者贴纸素材，如图9-71所示。

图9-70

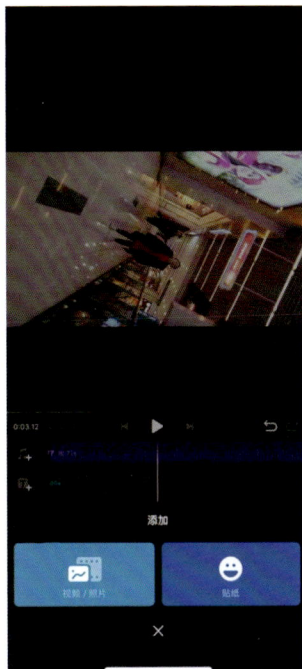

图9-71

点击"贴纸"按钮，如图9-72所示，进入贴纸素材库，如图9-73所示。

和音乐、字幕一样，贴纸也支持从外部导入，点击"我的贴纸"按钮，即可通过"Wi-Fi传输""微信、QQ导入""AirDrop接收""从相册导入"等选项导入贴纸，如图9-74和图9-75所示。

同样，贴纸也支持设置关键帧动画，如图9-76所示。

图9-72

图9-73

图9-74

图9-75

图9-76

　　比如我选择了红包贴纸，同时给红包贴纸添加了"飞起来吧"动画，效果如图9-77和图9-78所示。

图9-77

图9-78

添加画中画

　　我们还可以利用轨道导入视频并制作画中画。同样，画中画也支持设置关键帧动画。例如我在画中画轨道上添加了两个关键帧，并且分别在两个关键帧处调整了画中画的大小和位置，如图9-79~图9-81所示，这样就制作出了画中画。

图9-79

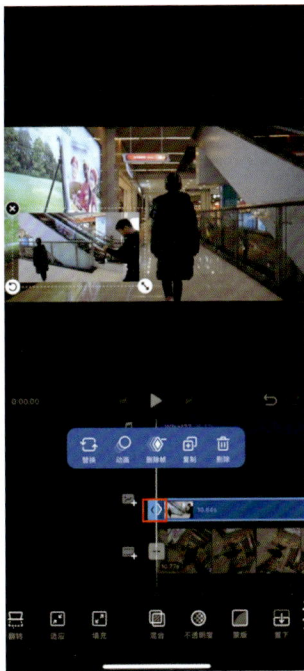

图9-80

图9-81

效果如图9-82~图9-84所示。

图9-82

图9-83

图9-84

VN也预置了一些动画，这些动画可以直接使用。点击"动画"按钮，如图9-85所示，可以看到，VN把它们分为入场动画、退场动画、循环动画，如图9-86所示，我们组合使用这些动画可以制作出各种炫酷的效果。

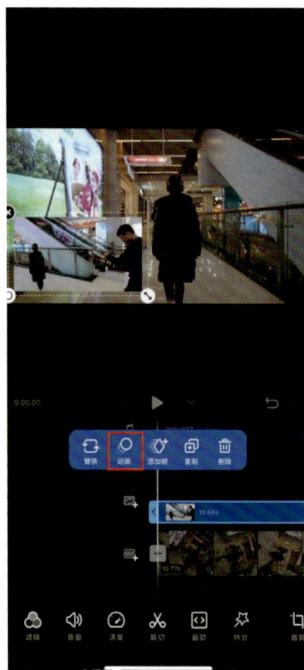

图9-85

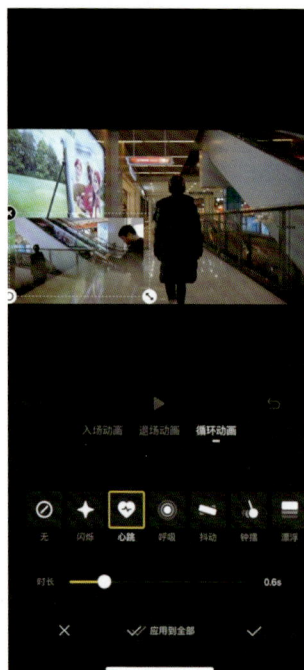

图9-86

选中画中画轨道，如图9-87所示，点击"混合"按钮，如图9-88所示，可以看到VN提供了很多混合方式，如图9-89所示，可以让两条轨道上的素材混合叠加出各种效果。

图9-87

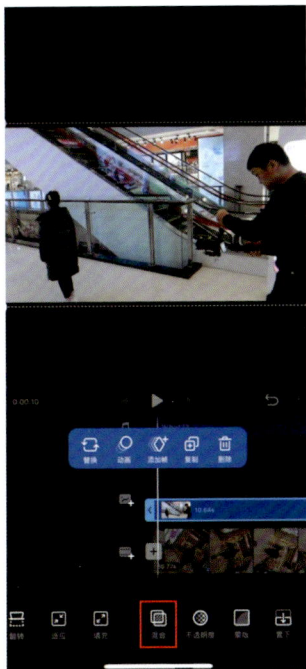

图9-88

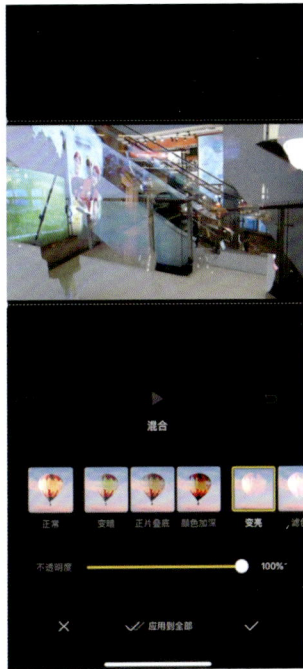

图9-89

变速

我个人喜欢的坡度变速功能，同样很强大。点击"速度"按钮，如图9-90所示，可以看到"曲线"和"标准"这两个变速选项，如图9-91所示。其中"曲线"变速就是我所说的坡度变速。

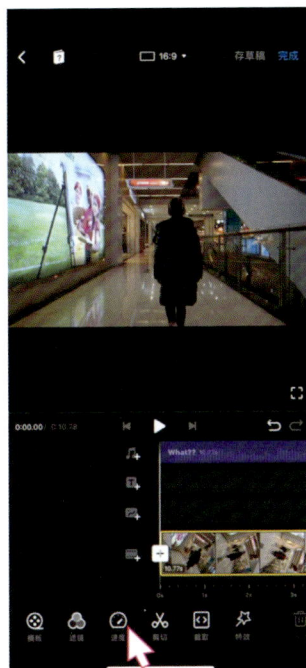

图9-90

图9-91

1. 曲线变速

点击"曲线"按钮，如图9-92所示，可以看到一些白色的圆点，这些圆点代表了视频中的变速节点。

曲线变速功能最高提供8倍的变速。圆点在中间代表正常速度，圆点向上移动代表加速，圆点向下移动代表减速。

左右移动圆点，可以改变变速节点的位置。

拖动圆点的过程中，会出现相关提示。

按住曲线上空白的地方，可以添加变速节点，如图9-93所示。

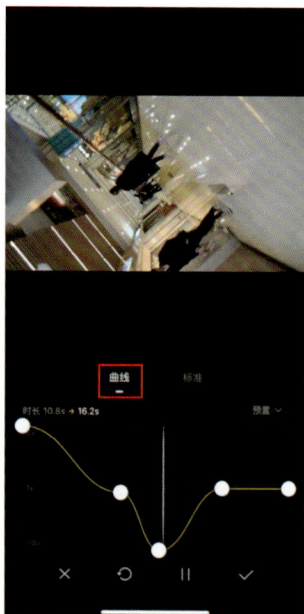

图9-92

图9-93

点击"预置"按钮，如图9-94所示，可以看到官方提供的变速模板，这些模板可以直接使用。这里我选择了"蒙太奇"，如图9-95所示。

无缝转场流畅与否的关键点就是是否使用坡度变速功能，后面我会教大家使用坡度变速功能。

2. 标准变速

除了坡度变速，VN还提供了标准变速功能，如图9-96所示，这里就不赘述了。

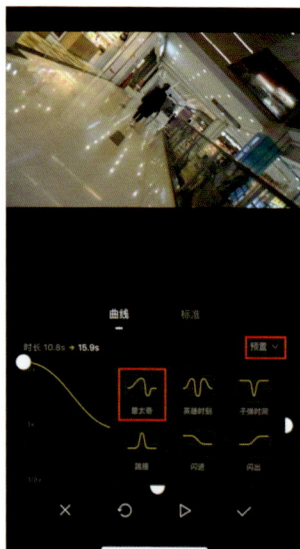

图9-94

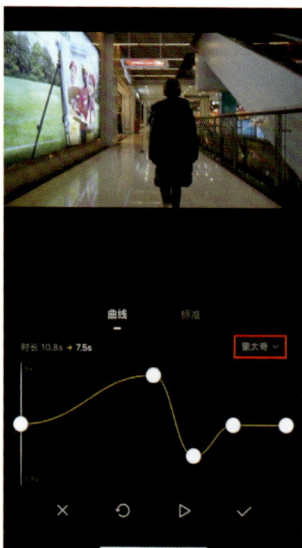

图9-95

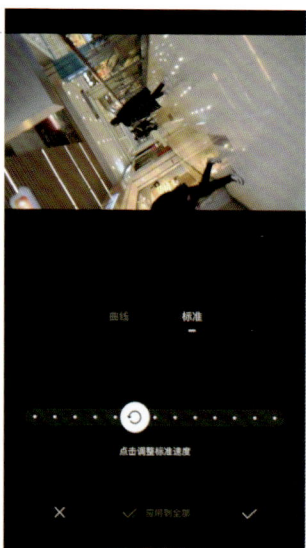

图9-96

蒙版／遮罩

　　VN还提供了蒙版功能。蒙版也叫遮罩，是专业视频剪辑软件Premiere和Final Cut Pro（见图9-97）非常重要的功能。

图9-97

借助蒙版功能，我们可以制作出很多炫酷的效果，比如分身等，如图9-98~图9-105所示。

图9-98

图9-99

图9-100

图9-101

图9-102

图9-103

图9-104

图9-105

当然，VN的蒙版功能还是比较简单。点击"蒙版"按钮，可以看到3种形状蒙版："线性"蒙版、"镜面"蒙版和"径向"蒙版，如图9-106和图9-107所示。

图9-106

图9-107

其他功能

VN同样提供了其他剪辑App所具备的剪辑功能，比如模板滤镜、剪切、截取、特效、删除、音量、背景裁剪、旋转、镜像、翻转、定帧、倒放、变焦等，如图9-108~图9-111所示，这里就不再一一介绍了。

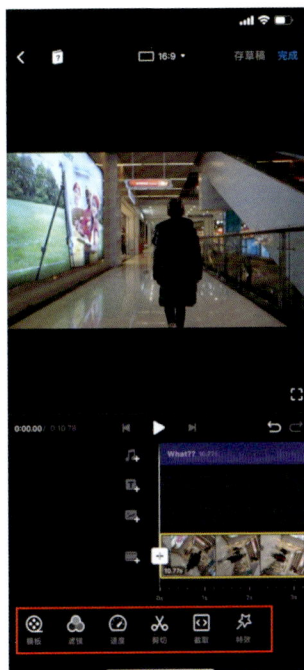

图9-109

图9-110

图9-108

图9-111

视频导出

视频剪辑完成后，只需点击界面上的"完成"按钮，即可导出视频。然后进行导出设置，相关内容本章开头已讲过，如果之前已经设置好了，这里显示的就是你已经选好的参数。

第10章

利用VN视迹簿制作画面快闪介绍片头

本章主要讲解如何使用 VN 制作画面快
闪介绍片头。除素材外，我们还会用到
截取、字幕、混合、蒙版、关键帧、音效、
背景音乐等功能，这些功能都是 VN 自
带的。

Chapter Ten

10.1
片头的作用

片头的作用具体如下。

1. 建立个人品牌
制作统一的片头是让观众记住你的最好办法。

2. 介绍内容和吸引观众
视频的前30秒足以让一个还不了解你的新观众决定要不要继续看下去，所以在片头添加你想让观众了解的信息，比如你的频道是做什么的？或者本期视频的精彩镜头，可以吸引观众看下去。

10.2
片头的分类

片头可分为两类：真人介绍片头和画面快闪介绍片头。

真人介绍片头

真人介绍片头其实很容易理解，即以Vlogger本人或其他真人出镜的镜头为片头。制作真人介绍片头通常不会用到特别的技巧，大家想怎么表达都行，重点在于突出视频的特点、个性。

画面快闪介绍片头

画面快闪介绍片头可以让观众快速了解你频道的定位，其作用相当于频道介绍。图10-1~图10-6展示的是一个快闪介绍片头的画面截图。

图10-1

图10-2

图10-3

图10-4

图10-5

图10-6

10.3
如何制作画面快闪介绍片头

准备素材

首先，你要想清楚片头的剪辑逻辑，写个简单的文案；然后按照文案准备剪辑素材，视频、照片都可以，你最好准备多一些，至少应准备20个素材。

例如，我的文案如图10-7所示。

确定文案之后，我根据文案准备了30个素材，下一步就是将这些素材导入VN并进行剪辑。

图10-7

导入素材

打开VN，点击界面底部的"+"按钮，如图10-8所示，再点击"新建剪辑"按钮，如图10-9所示，根据之前写好的文案顺序，依次选择素材，然后点击界面右下角的导入按钮，导入准备好的30个素材，如图10-10所示。

图10-8

图10-9

图10-10

此时素材已经全部导入VN的剪辑轨道中，如图10-11所示。

拖动轨道上的素材，调整摆放顺序，如图10-12~图10-14所示。

图10-11

图10-12

图10-13

图10-14

接下来要做的是截取快闪片段。选中第一个素材，点击"截取"按钮，如图10-15所示，进入截取界面。选择"0.3s"，然后左右滑动素材，选择你想截取的片段，如图10-16所示。

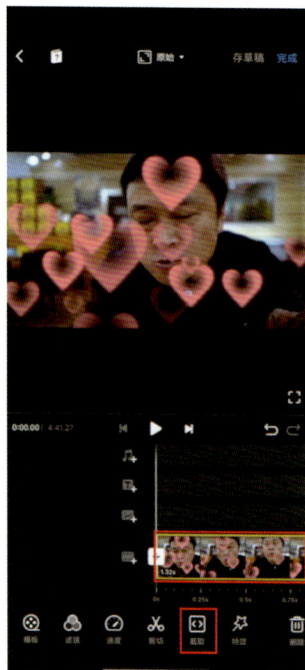
图10-15

图10-16

完成第一个素材的截取
以后，点击下一个按钮，如图
10-17所示，跳到下一个素材，
同样选择"0.3s"，并左右滑
动素材的两端选择想截取的片
段，如图10-18所示。以此类
推，对所有素材进行处理。

切记，最后一个素材的
播放时长可以设置得稍微长一
些，大约为"2.5s"，完成后
点击"√"按钮，返回VN主界
面，如图10-19所示。

最后选中片尾素材，点击
"删除"按钮，如图10-20所
示，将VN自动添加的片尾删
除，如图10-21所示，否则最终
导出的视频会有VN的水印。

图10-17

图10-18

图10-19

图10-20

图10-21

关闭原声

选中第一个素材，点击"音量"按钮，如图10-22所示，把音量调整到"0%"，也就是关闭原声，然后点击"应用到全部"按钮，完成后点击"√"按钮，如图10-23所示。这样所有素材的原声都被关闭了。这么做的原因是之后要加背景音乐，原声会产生干扰。返回VN主界面，如图10-24所示。

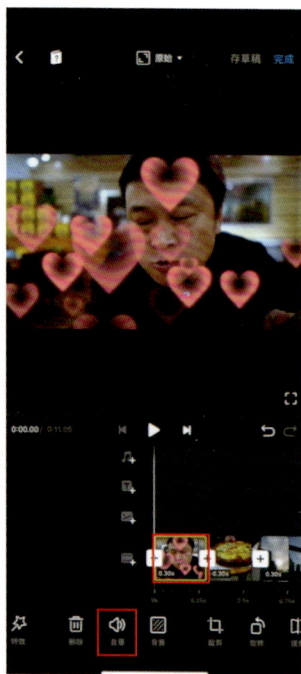

图10-22

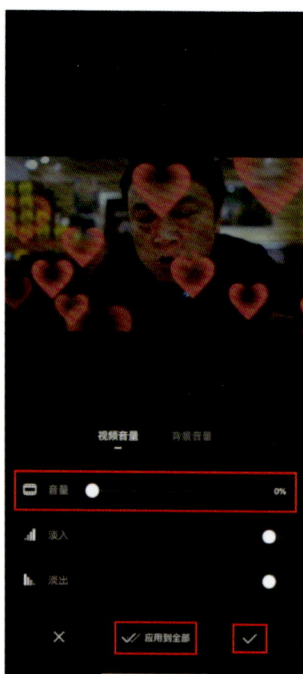

图10-23

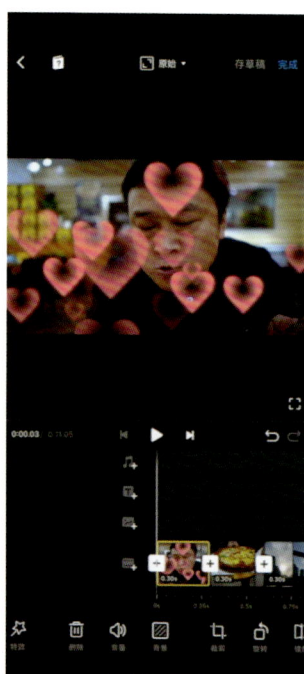

图10-24

添加变焦效果

选中第一个素材，点击"变焦"按钮，如图10-25所示，选择"拉远"效果，再点击"应用到全部"按钮，完成后点击"√"按钮，如图10-26所示。返回VN主界面，如图10-27所示。这样所有素材都被加上了拉远效果。

图10-25

图10-26

图10-27

调色

选中第一个素材，点击"滤镜"按钮，如图10-28所示，点击"滤镜"选项，选择"F2"滤镜，点击"应用到全部"按钮，如图10-29所示，大家也可以根据喜好自行选择。接着点击"调整"选项，向左滑动，选择"暗角"，拖动下面的滚动条，将暗角数值调整为80，这样做会增强画面的电影感。然后点击"应用到全部"按钮，完成后点击"√"按钮，如图10-30所示，返回VN主界面。

这样，画面快闪介绍片头的雏形就有了。

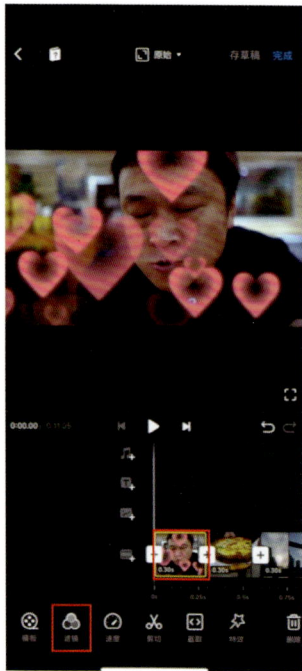
图10-28

图10-29

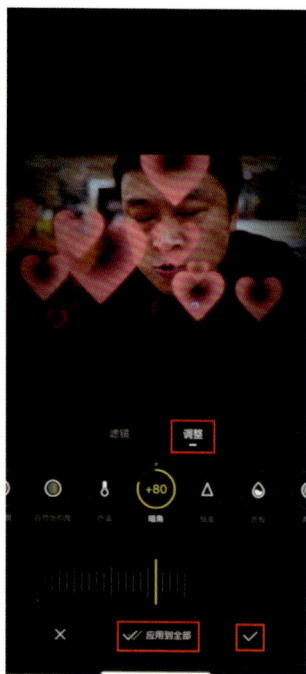
图10-30

制作字幕动画

回到视频的开头，点击"添加字幕"按钮，如图10-31所示，选择第一个样式，如图10-32所示，输入第一句文案："Vlog创作"，如图10-33所示。

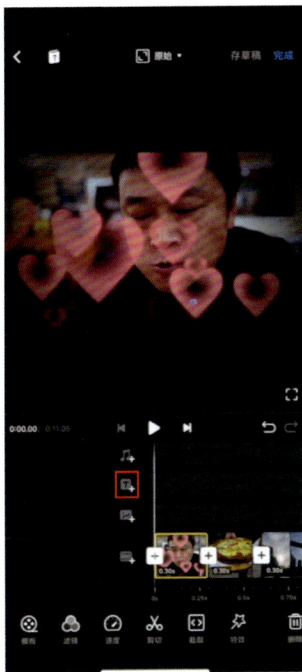

图10-31

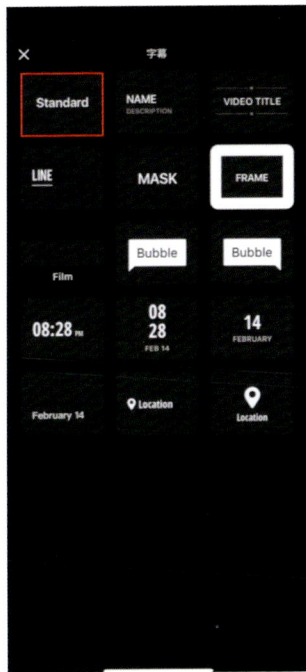

图10-32

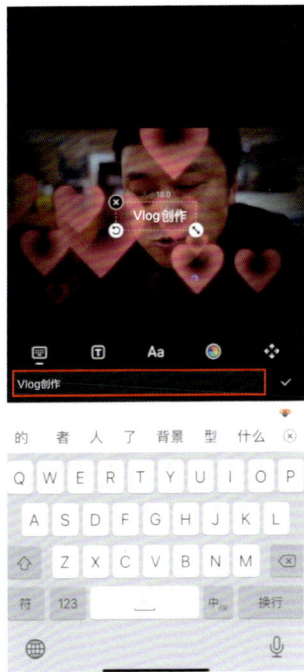

图10-33

点击字体按钮，选择"猫街"字体，然后点击"应用到全部"按钮，完成后点击"√"按钮，如图10-34所示。

拖动字幕右下角的伸缩按钮，将字幕的大小调整至75左右，如图10-35所示。

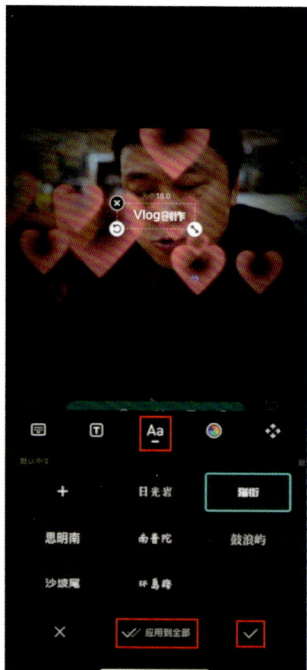

图10-34

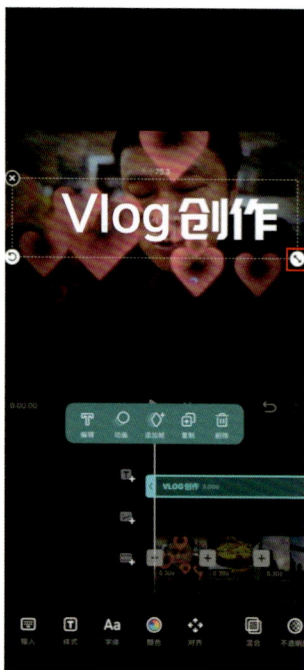

图10-35

点击"混合"按钮，如图10-36所示，选择"叠加"，再点击"应用到全部"按钮，完成后点击"√"按钮，如图10-37所示，返回主界面。

图10-36

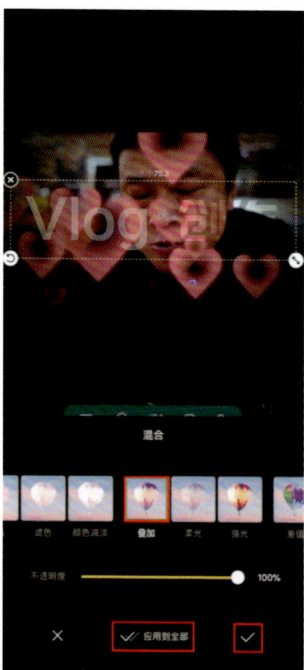

图10-37

选中字幕，点击工具条上"复制"按钮，如图10-38所示，这时会在第一条字幕的上面复制出一条新字幕，如图10-39所示。

这里要注意，两条字幕一定要对齐。

选中上面的字幕，点击"混合"按钮，如图10-40所示，选择"正常"模式，完成后点击"√"按钮，如图10-41所示，返回主界面，如图10-42所示。

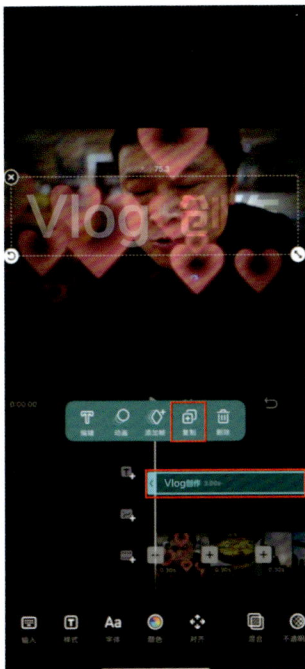

图10-38

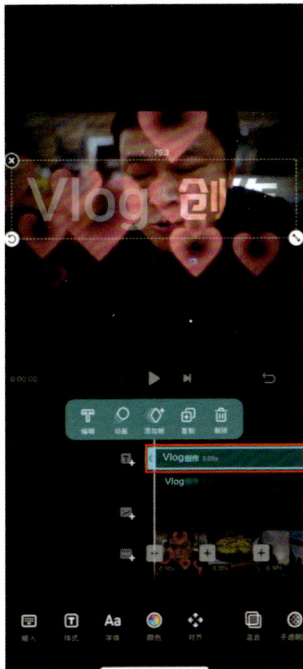

图10-39

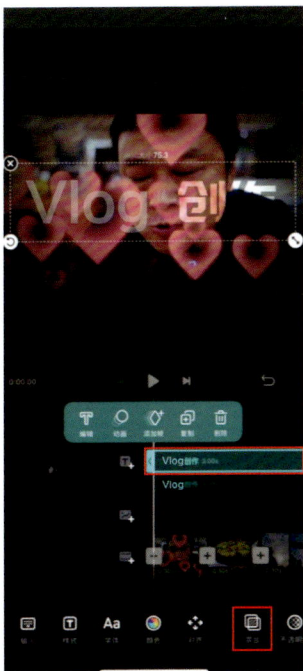

图10-40

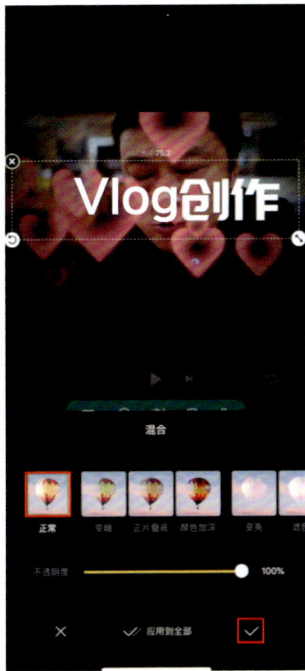

图10-41

图10-42

选中上面的字幕，回到视频开头，点击"蒙版"按钮，如图10-43所示，选择"镜面"，如图10-44所示。

在视频预览区拖动蒙版到字幕的下方，如图10-45所示。滑动时间轴到字幕开始的位置，点击左边的"添加帧"按钮，如图10-46所示，效果如图10-47所示。

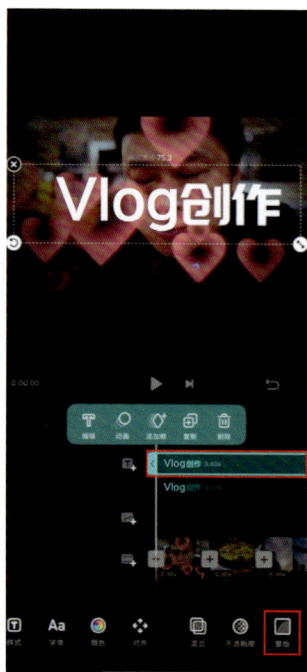

图10-43

图10-44

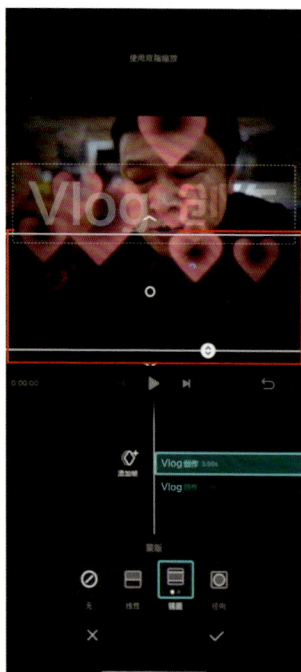

图10-45

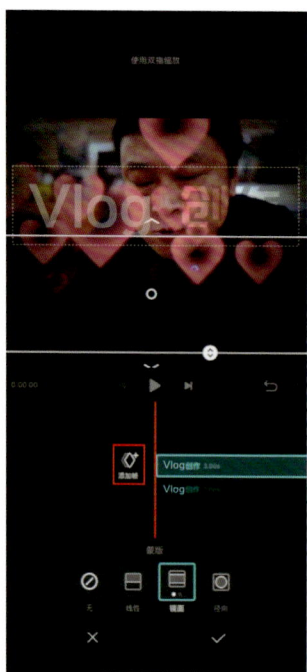

图10-46

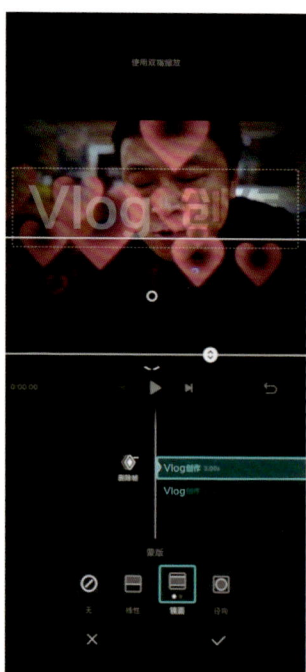

图10-47

滑动时间轴到字幕结束的位置，点击左边的"添加帧"按钮，如图10-48所示。在视频预览区拖动蒙版到字幕的上方，完成后点击"√"按钮，如图10-49所示，返回主界面。

左右滑动时间轴，查看一下效果。如果字幕的长度不合适，可以适当调整，效果如图10-50~图10-52所示。

TIPS ◆
一定要保证上下两条字幕完全对齐。

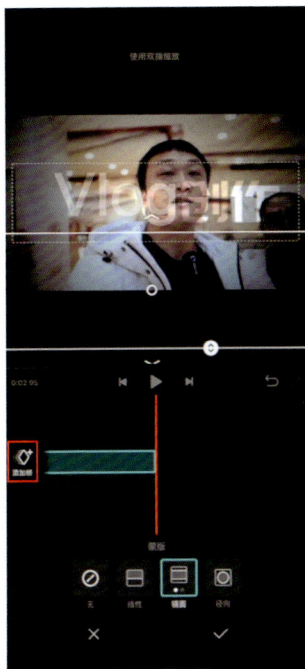

图10-48

图10-49

图10-50

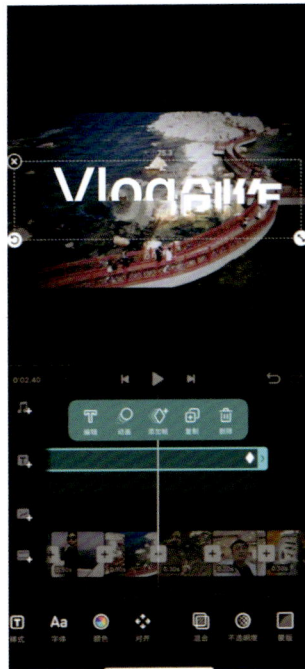

图10-51

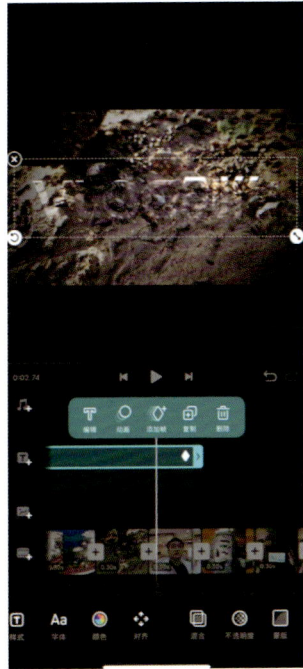

图10-52

接下来按照前面的步骤继续添加其他字幕。在添加后面的字幕时，我们还可以修改蒙版的运动轨迹为左右或斜线，以增强字幕运动轨迹的丰富性，如图10-53所示。

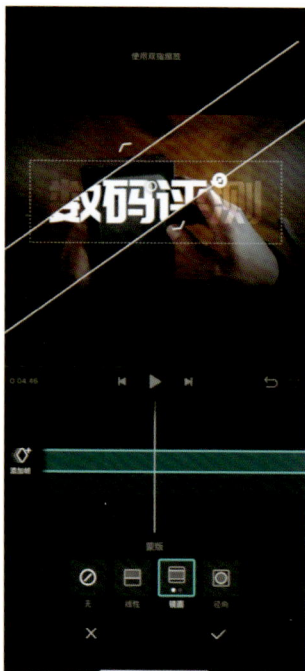

图10-53

制作闪黑片尾

点击时间轴最后的"+"按钮，如图10-54所示，选择"黑色"转场效果，将时长设置为"1.2s"，完成后点击"√"按钮，如图10-55所示。

如果最后一个素材的时长太短，就无法添加转场效果，这就是我建议把最后一个素材留长一点的原因。这样闪黑片尾就制作成功了，方便衔接后面的视频，这样的过渡更加自然。

图10-54

图10-55

添加音效

回到视频开头，点击添加音乐按钮，如图10-56所示，选择"音效"，如图10-57所示，点击Fast swish"转场音效"选项，这里我选择的是第一个音效，如图10-58所示。

大家可以根据字幕的长短选择合适的音效，多听、多看几遍，直到找到合适的音效。此外，应当把音效添加在动画开始的位置，如图10-59所示。

图10-56

图10-57

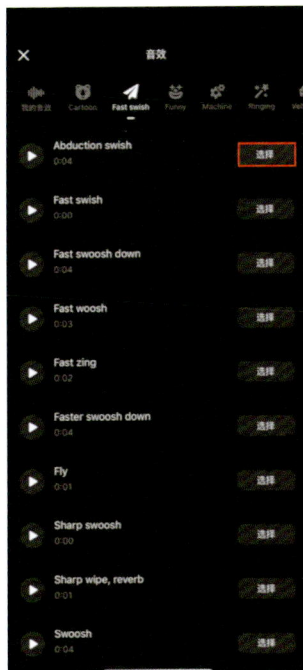

图10-58

图10-59

添加音乐

　　再次点击添加音乐按钮，如图10-60所示，选择"音乐"，如图10-61所示，选择喜欢的音乐，如图10-62所示。大家可以根据自己的喜好进行选择。点击"√"按钮，如图10-63所示，返回主界面。

图10-60

图10-61

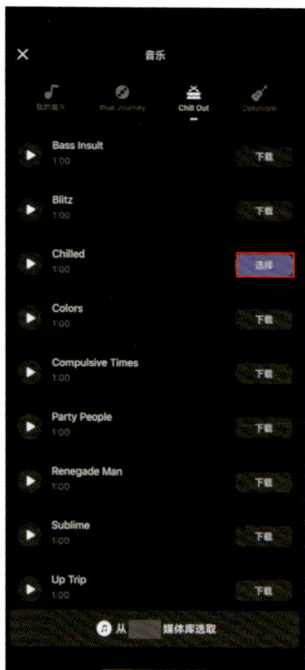

图10-62

图10-63

导出视频

点击界面右上角的"完成"按钮，如图10-64所示，将"分辨率"设为"1080p"，"帧率"设为"25"fps，完成后点击"√"按钮，如图10-65所示，等待生成，如图10-66所示。

点击"仅保存"按钮，如图10-67所示，片头就保存到手机相簿里了，如图10-68所示。

这样画面快闪介绍片头就制作完成了，它可以直接用作视频片头。

图10-64

图10-65

图10-66

图10-67

图10-68

画面快闪介绍片头的部分截图如图10-69~图10-74所示。

图10-69

图10-70

图10-71

图10-72

图10-73

图10-74

利用VN视迹簿的坡度变速功能制作无缝转场效果

前文已介绍过，无缝转场主要是指无技巧转场，并且涉及很多转场技巧。本章将介绍利用VN的坡度变速功能实现无缝转场的技巧。

Chapter Eleven

11.1
导入素材

　　下面将介绍的两个案例都是本书第7章"制作专业的无缝转场效果"一章中的教学样片,而这一章只着重讲了如何通过拍摄实现无缝转场,剪辑部分也只讲了剪辑思路和注意事项,并没有讲具体的剪辑步骤。除了篇幅有限以外,主要原因是我剪辑时用的是Final Cut Pro软件,这款软件虽然功能强大,但是对于新手来说还是有一定的使用门槛的。

　　而在下面的案例中,我将使用VN制作之前只能通过Final Cut Pro制作的无缝转场效果。

　　我选用的是"跳跃-A"、"跳跃-B"、"柱子-A"和"柱子-B"这4个素材,如图11-1所示。

　　将素材导入VN,如图11-2所示。

图11-1

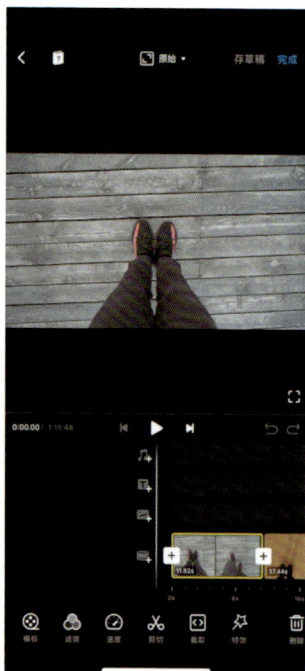

图11-2

11.2
视频剪辑案例1:跳跃转场

　　首先来看一下视频拍摄过程及最终效果,图11-3~图11-6展示的是第一个镜头:人物跳下台阶。

图11-3

图11-4

图11-5

图11-6

第二个镜头从人物落地开始，衔接上一个镜头，之后开始正常拍摄，如图11-7~图11-10所示。

图11-7

图11-8

图11-9

图11-10

按照转场的先后关系，调整素材在时间轴上的顺序。我在准备素材的时候已经按先后关系对素材重新进行了命名，大家在使用素材时按照其名称中的字母A、B顺序摆放即可。

我用"跳跃-A"和"跳跃-B"素材进行演示。双指放大时间轴上的画面，以便准确找到剪切点，如图11-11所示。

滑动"跳跃-A"素材，找到开始走路的节点。点击底部的"剪切"按钮，如图11-12所示，把素材分割成两段；再选中剪切后的前半段素材，点击"删除"按钮，如图11-13所示，删掉前半段素材，如图11-14所示。

TIPS ◆

剪辑无缝转场效果的技巧是，让你的画面一直保持运动状态，把静止的画面剪掉。

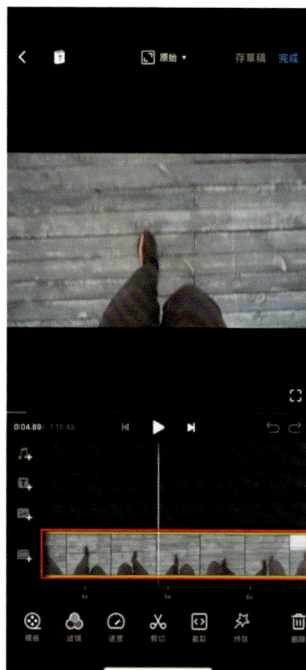

图11-11

图11-12

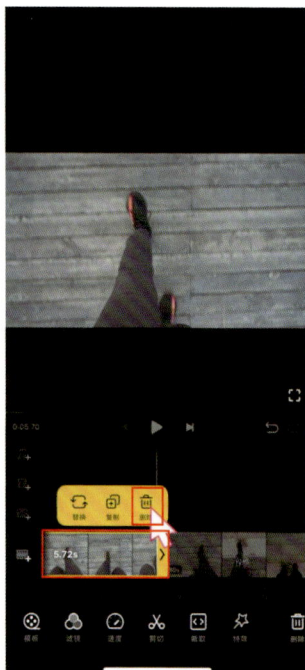

图11-13

图11-14

　　继续预览"跳跃-A"素材，找到跳起的瞬间，点击"剪切"按钮，如图11-15所示，把素材分割成两段；再选中剪切后的后半段素材，点击"删除"按钮，如图11-16所示，删掉后半段素材，如图11-17所示。

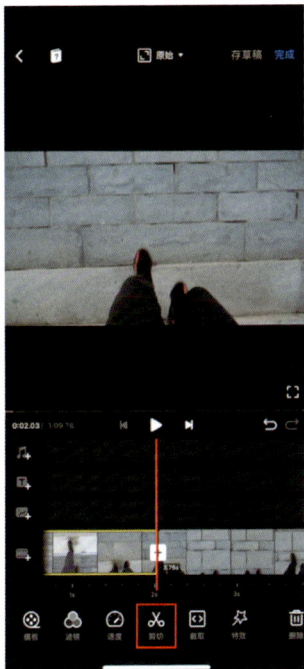
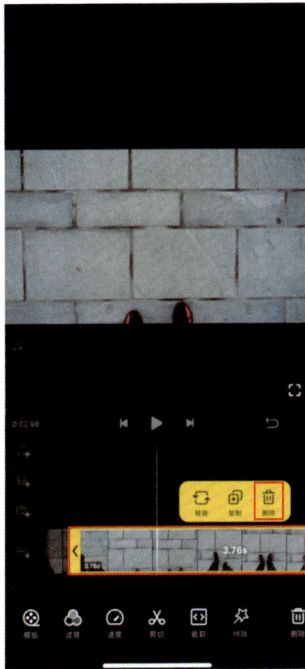
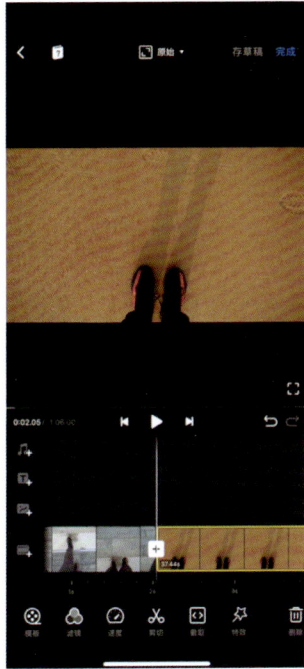

图11-15　　　　　　　　　　　图11-16　　　　　　　　　　　图11-17

　　预览"跳跃-B"素材，找到跳起后马上要下落的瞬间，点击"剪切"按钮，把素材分割成两段，如图11-18所示；再选中剪切后的前半段素材，点击"删除"按钮，如图11-19所示，删掉前半段素材，如图11-20所示。

　　回到"跳跃-A"素材，点击底部的"速度"按钮，如图11-21所示，将"曲线"界面里靠后的两个变速点都向下拉至倒数第二条线附近，也就是将这段素材最后跳起的一段慢放，目的是让跳起动作看起来有个蓄力的过程，完成后点击"√"按钮，如图11-22所示。

图11-18

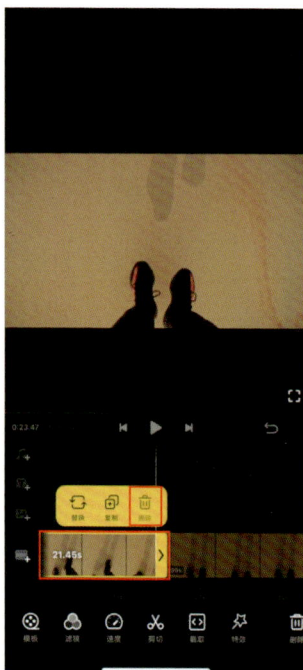

图11-19

图11-20

图11-21

图11-22

滑动到"跳跃-B"素材，点击底部的"速度"按钮，如图11-23所示，将曲线的第一个点向下拖到倒数第二条线附近，这步操作是为了延续跳起动作的蓄力过程，如图11-24所示。

然后将曲线的第二个点向上和向左拉动到顶部靠左的位置，这步操作是为了快速抬起镜头，让观众看到画面中的大海，完成后点击"√"按钮，如图11-25所示。

点击底部的"音量"按钮，如图11-26所示，将音量调节到"0%"，点击"应用到全部"按钮，点击"√"按钮，如图11-27所示。

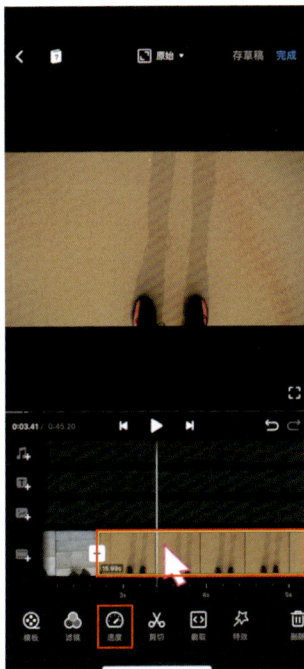

图11-23

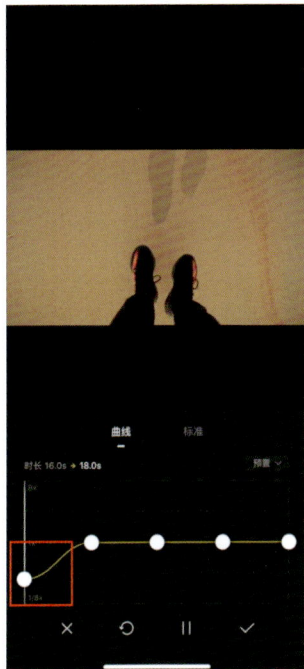

图11-24

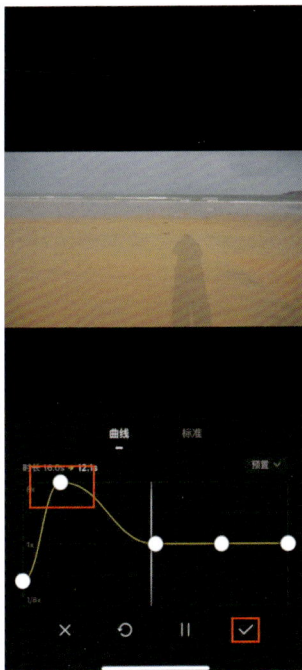

图11-25

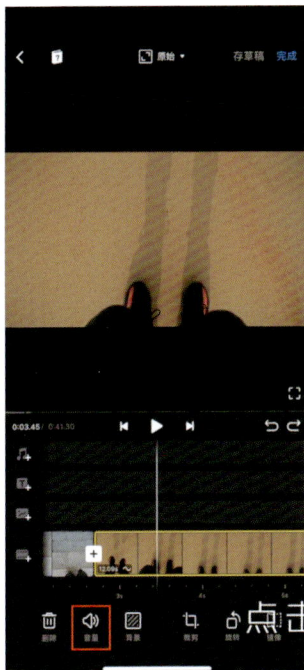

图11-26

图11-27

滑动"跳跃-A"素材，找到要跳起的瞬间，如图11-28所示。点击"添加音效"按钮，如图11-29所示，选择"Fast woosh"音效，如图11-30所示。

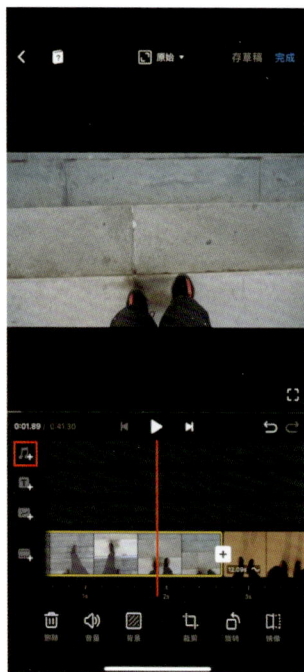 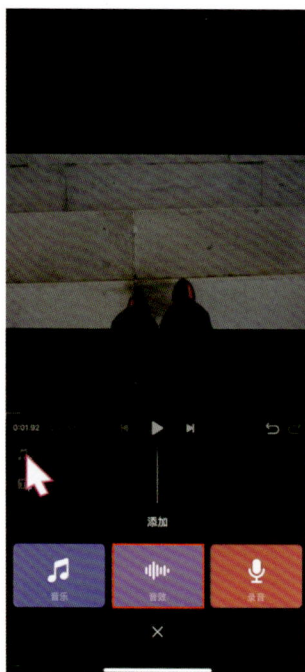 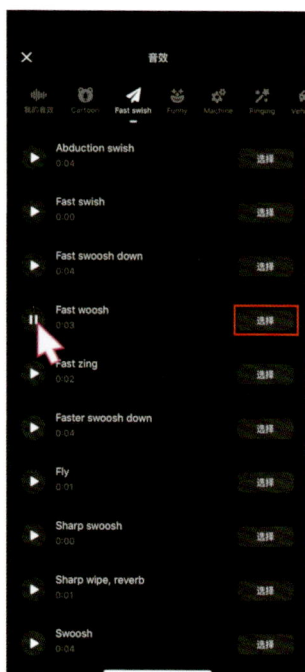

图11-28　　　　　　　　　　图11-29　　　　　　　　　　图11-30

添加音效的目的是给跳起动作增加画面感，因为跳起动作实际上是没有声音的。如果有条件，其实还应该添加落地的音效。

至此，跳跃转场效果就制作完成了。

11.3
视频剪辑案例2：遮挡转场

本案例利用"柱子-A"和"柱子-B"素材进行演示，以便大家理解剪辑步骤。

第一个镜头中，人物在行走，最后被柱子遮挡，如图11-31和图11-32所示。

图11-31

图11-32

第二个镜头从人物被柱子遮挡的画面开始，之后开始正常拍摄，如图11-33和图11-34所示。

图11-33

图11-34

滑动"柱子-A"素材，找到人物开始走路的节点，点击"剪切"按钮，如图11-35所示，把素材分割成两段；再选中剪切后的前半段素材，点击"删除"按钮，如图11-36所示，删除前半段素材中人物静止的部分，如图11-37所示。

图11-35

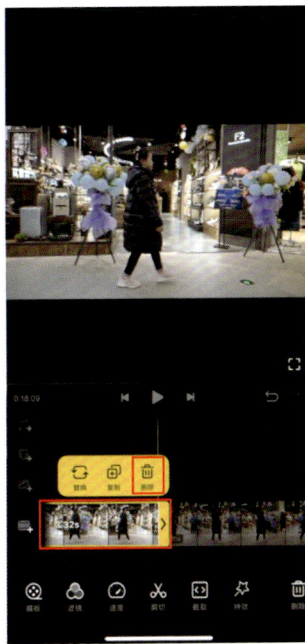

图11-36

图11-37

　　继续滑动"柱子-A"素材，找到人物刚消失、画面中全是柱子的节点，点击"剪切"按钮，如图11-38所示，把素材分割成两段；再选中剪切后的后半段素材，点击"删除"按钮，如图11-39所示，删除后半段素材，如图11-40所示。

图11-38

图11-39

图11-40

　　滑动到"柱子-B"素材，找到画面中全是柱子并且人物将要出现的位置，点击"剪切"按钮，如图11-41所示，把素材分割成两段；再选中剪切后的前半段素材，点击"删除"按钮，如图11-42所示，删除前半段素材，如图11-43所示。

　　回到"柱子-A"素材，点击"速度"按钮，如图11-44所示，将曲线的第四个点（也就是柱子即将挡住人物的节点）和最后一个点向上拉到顶部，如图11-45所示，也就是这个素材在这个位置之后的部分全部加速。

图11-41

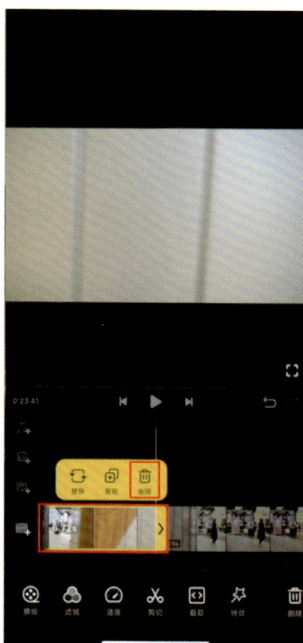

图11-42

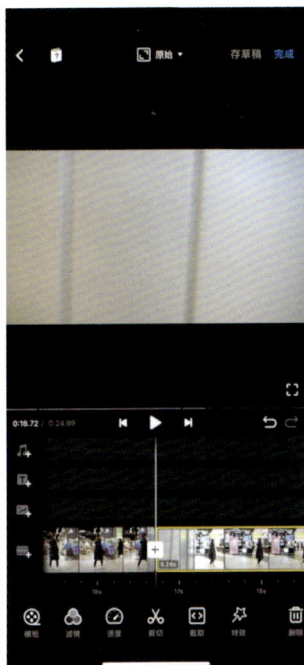

图11-43

图11-44

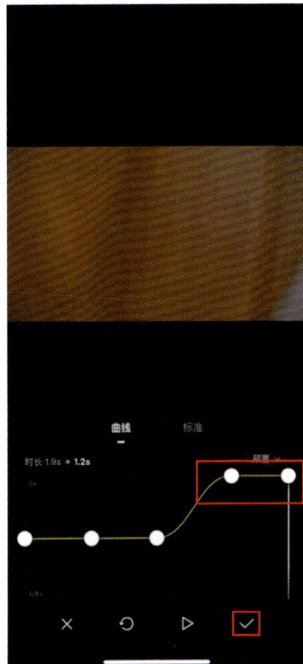

图11-45

　　滑动到"柱子-B"素材，点击"速度"按钮，如图11-46所示，在"曲线"界面中找到人物刚刚从柱子后面走出来的节点，按住该位置，添加一个点，然后将第一个点拉到顶部，如图11-47所示。

图11-46

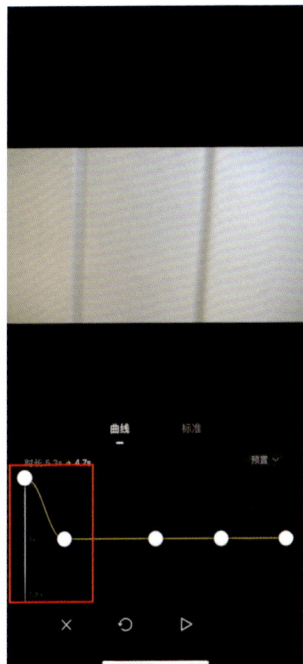

图11-47

以上两步操作可以让柱子在画面中快速出现消失，也会让画面看起来更有节奏感。

回到"柱子-A"素材，找到人物即将被柱子挡住的节点，如图11-48所示，点击添加音效按钮，如图11-49所示，再点击"音效"按钮，选择合适的音效，这里我选择的是"Abduction swish"音效，如图11-50所示。

图11-48

图11-49

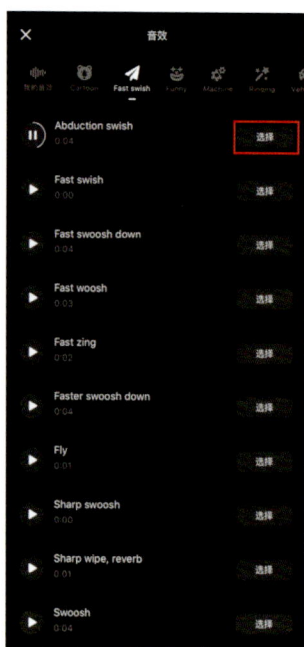
图11-50

至此，遮挡转场效果就制作完成了。

无缝转场效果的剪辑重点如下：

（1）找到需要转场的两段素材需要衔接的点；

（2）在衔接点前后使用坡度变速功能，根据情况选择加速或减速；

（3）在衔接点处添加合适的音效；

（4）还可以添加合适的音乐、对画面进行调色等。

第12章

利用VN视迹簿的蒙版功能制作分身对话效果

本章主要教大家制作分身对话效果，需要用到的是 VN 的蒙版功能。我现在用来演示的是 VN 的 iOS 版本。

12.1
原理揭秘

图12-1和图12-2所示是一个具有分身效果的视频的截图，画面中的我正在和另一个我进行对话，那么这种效果究竟是怎么制作出来的呢？

图12-1   图12-2

其实这个视频的制作难度并不在剪辑上，而是在策划和拍摄上。制作这种效果的基础原理就是分别拍摄两个独立的片段A和B，然后使用蒙版功能拼合A、B两个片段。但是，如果想让自己和自己对话的视频有戏剧效果，我们就必须提前想好对话内容，以及对应的表情、动作。

12.2
脚本策划

下面是我在制作这段视频之前策划的脚本内容。（将片段A中的我称为A，将片段B中的我称为B）

A台词："本期教程开讲前，我先给大家讲讲为什么要加片头。"

A动作：向左转头。

B动作：从画面右侧探头。

B台词："什么？加个片头也能讲道理？"

B动作：从左边消失。

A动作："头部回正"

A台词："这样大家才能理解片头重要性，真正用好片头。"

我们最好把台词都写出来。这样的设计会让对话很真实，两个我一问一答，动静结合，可使画面显得有趣、生动。

12.3
拍摄步骤

　　这里推荐使用三脚架拍摄，如果没有三脚架也需要找个地方把手机或相机固定起来，务必保证拍摄的画面范围全程保持不变。我们先拍摄A片段，如图12-3所示，在表演时需要提前想好B片段，并计算好B出现并说话的时间。

　　再拍摄B片段，如图12-4所示。这里需要计算好A和B在画面中的位置，避免人物的位置重合。

图12-3

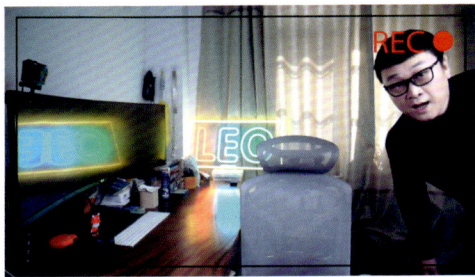
图12-4

12.4
剪辑步骤

　　拍好素材后，下面介绍视频剪辑的过程。

第一步
　　打开VN，点击"＋"按钮，如图12-5所示，点击"新建剪辑"按钮，导入拍摄好的A片段，如图12-6和图12-7所示。

图12-5

图12-6

图12-7

第二步

在第二条时间轴轨道上导入B片段，如图12-8~图12-10所示。

图12-8

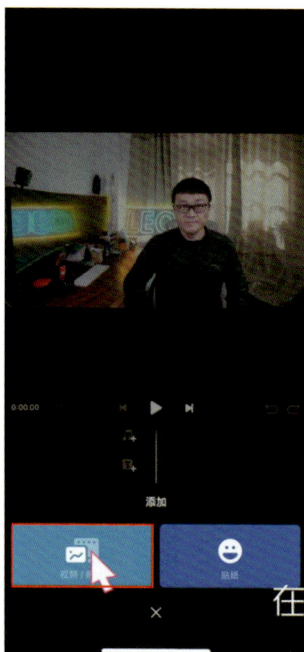

图12-9

图12-10

选中B片段，点击"音量"按钮，如图12-11所示，把音量滑块调至200%处，如图12-12所示。因为VN会默认将第二条时间轴轨道上的视频声音关闭。

这时你会发现刚刚添加的B片段没有充满画面，如图12-13所示，这时需要点击"填充"按钮，如图12-14所示，这样B片段就可以充满画面了，如图12-15所示。

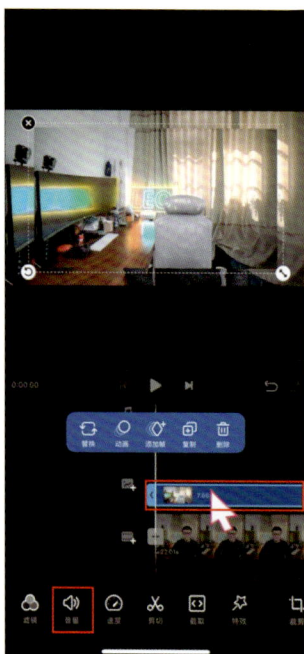

图12-11

图12-12

图12-13

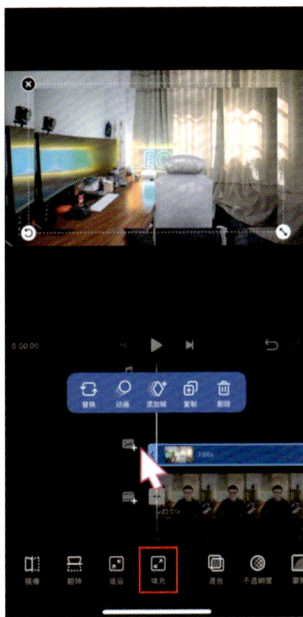

图12-14

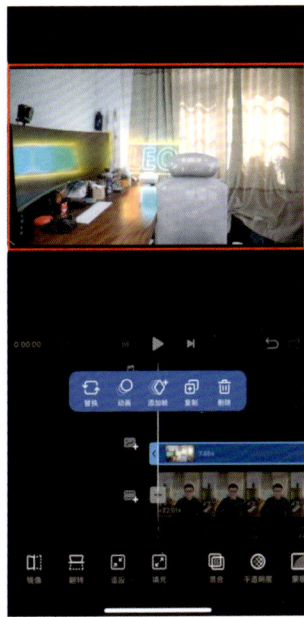

图12-15

第三步

按住B片段，如图12-16所示，将其拖动到A片段中的A即将向左转头的画面前面的位置，在我的素材中差不多是2秒的位置，如图12-17和图12-18所示。这个位置一定要准确，否则剧情就对不上了，大家可以多试几次。

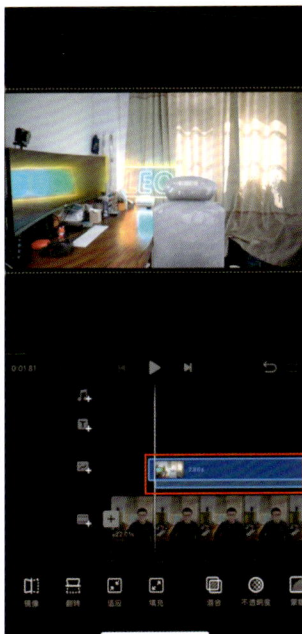

图12-16

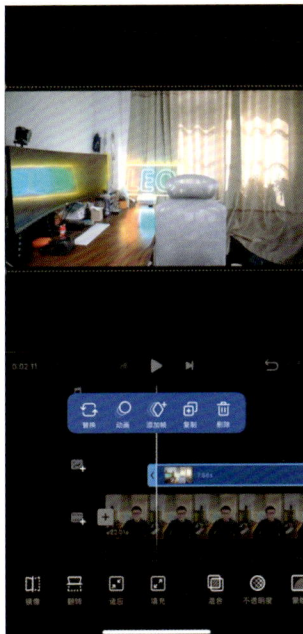

图12-17

图12-18

第四步

选中B片段，点击界面底部的"蒙版"按钮，如图12-19所示，选择"线性"蒙版，如图12-20所示。滑动下面的时间线并将其停在两个我刚好都出现的地方，如图12-21所示。

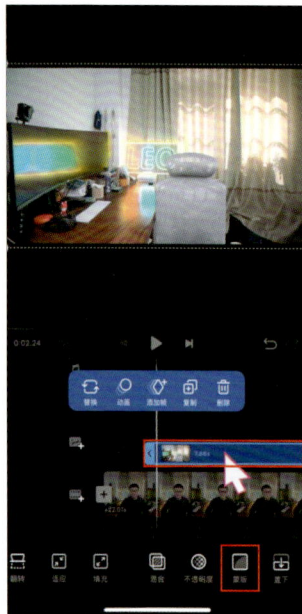

图12-19

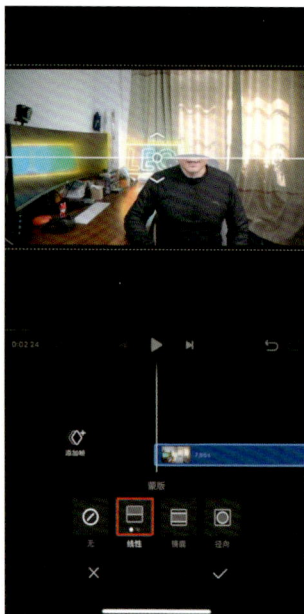

图12-20

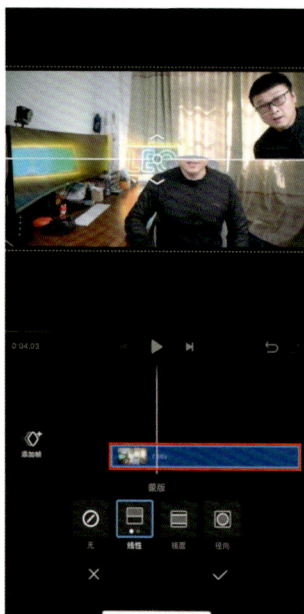

图12-21

拖动蒙版，把中间的圆圈移动到两个人中间，如图12-22所示，用双指顺时针旋转蒙版，把蒙版的白线放在两个人中间，完成后点击"√"按钮，如图12-23所示。这时你会发现两个我都出现在画面里了，是不是很神奇？至此，分身对话效果就制作完成了。

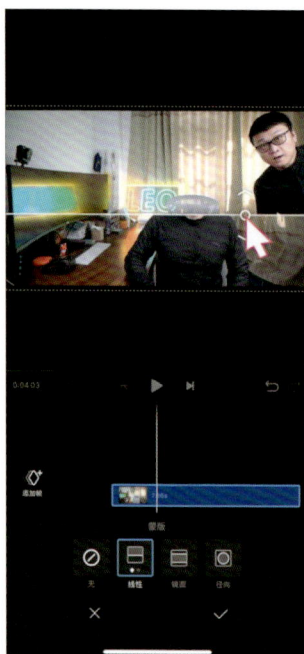

图12-22

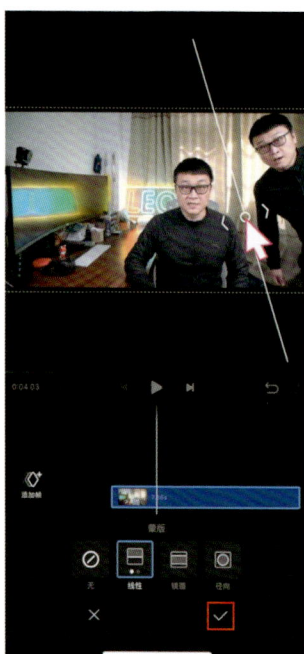

图12-23

制作分身对话效果的重点如下：

（1）提前策划好拍摄内容，最好把台词和动作写出来；

（2）最好使用三脚架拍摄，全程保持画面范围不变；

（3）最好在室内，光线几乎不发生变化的地方拍摄；

（4）分身的位置要提前规划好，切记不能重合；

（5）在Vlog里加入分身对话效果，可以让Vlog变得生动
　　　有趣。

利用剪映制作卡点视频

本章讲解利用剪映制作卡点视频的技
巧。为视频添加合适的音效或音乐之后，
视频的节奏与音频的节奏会变得同步，
从而从视觉和听觉两个方面增强视频的
表现力。

Chapter Thirteen

13.1
案例效果展示

本案例的成片截图如图13-1~图13-8所示。

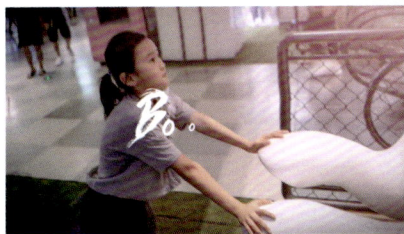
图13-1

图13-2

图13-3

图13-4

图13-5

图13-6

图13-7

图13-8

13.2
制作步骤

导入素材

　　首先准备素材，照片和视频都可以，如果是照片，最好多准备一些，否则制作出来的视频时长会很短，这里准备了50张照片。

　　点击图标打开剪映，如图13-9所示，点击"开始创作"按钮，如图13-10所示，导入准备好的素材，如图13-11所示。

图13-9　　　　　　　　　　　图13-10　　　　　　　　　　　图13-11

添加音乐

　　将时间线滑动到最开始，点击底部的"音频"按钮，如图13-12所示，再点击"音乐"按钮，如图13-13所示，选择"卡点"分类，如图13-14所示。

图13-12

图13-13

图13-14

选择合适的一首歌，点击"使用"按钮，如图13-15所示，添加音乐后的界面如图13-16所示。

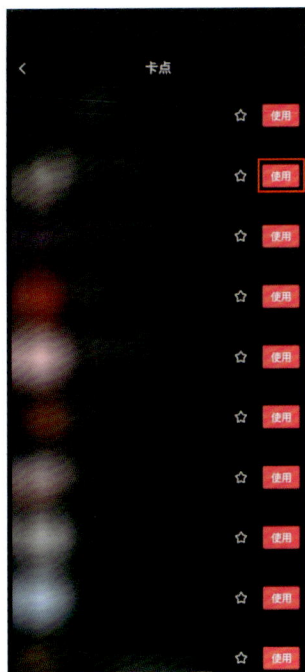

图13-15

图13-16

自动踩点

选中刚才添加的音乐，点击底部的"踩点"按钮，如图13-17所示。打开"自动踩点"开关，选择"踩节拍Ⅱ"，点击"√"按钮，如图13-18所示。

图13-17

图13-18

素材卡点

双指放大时间轴，如图13-19所示，以便进行细节操作，滑动时间线，将其对准音频区域上某个已经标示的黄色节拍点，如图13-20所示。

图13-19

图13-20

选中第一段视频素材，点击底部的"分割"按钮，如图13-21所示；选中后半段视频素材，点击"删除"按钮，如图13-22所示，多余的视频部分就被删除了，如图13-23所示。这样素材的切换节奏就会和音乐节奏同步。

按照同样的方法，对后面所有的视频素材都进行剪裁，如图13-24所示。这个环节比较烦琐，你要耐心完成。

图13-21

图13-22

图13-23

图13-24

选中音乐，滑动时间线到视频素材的末尾，点击底部的"分割"按钮，如图13-25所示；再选中后面多余的音频部分，点击底部的"删除"按钮，如图13-26所示，将多余的音乐删除，如图13-27所示。

再给音乐结尾加一个淡出效果。选中音乐，点击底部的"淡化"按钮，如图13-28所示，设置"淡出时长"为"2.9s"，点击"√"按钮，如图13-29所示。

图13-25

图13-26

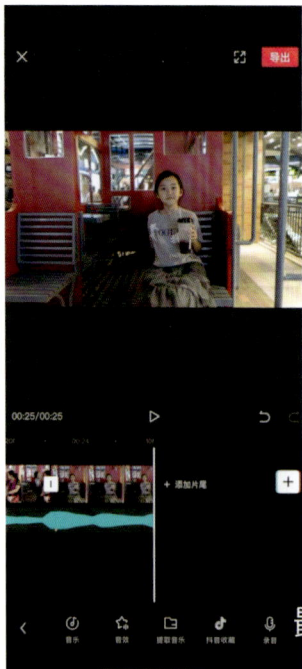

图13-27

图13-28

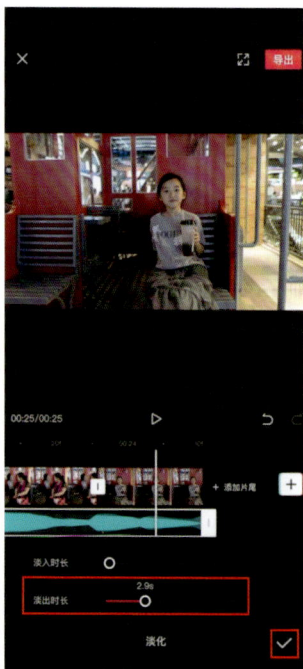

图13-29

添加动画和转场效果

选中第一段素材，点击底部的"动画"按钮，如图13-30所示，选择"轻微抖动"，如图13-31所示，把动画时长调整到与第一段素材同样的时长。以同样的方法给后面的视频素材片段全部加上轻微抖动的动画效果，如图13-32所示。这个环节同样比较考验耐心，我们只能一段一段地添加。

图13-30

图13-31

图13-32

接下来添加转场效果。选中两段素材中间的小方块，如图13-33所示，选择"基础转场"里的"闪白"，把"转场时长"设置为"0.1s"，点击"应用到全部"按钮，点击"√"按钮，如图13-34所示，效果如图13-35所示。

完成这个步骤后，视频基本已经可以说有了动感，但还不够炫酷。

图13-33

图13-34

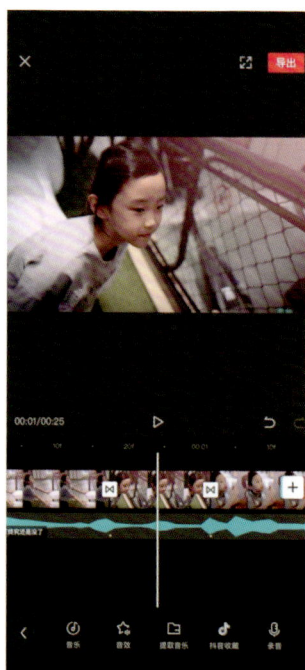

图13-35

添加特效

　　滑动时间轴回到时间轴的开头，点击底部的"特效"按钮，如图13-36所示，选择"动感"分类里的"70s"，点击"√"按钮，如图13-37所示。

图13-36

图13-37

然后按住特效末尾的边框，如图13-38所示，将其拖动到最后一段素材的末尾，如图13-39所示。

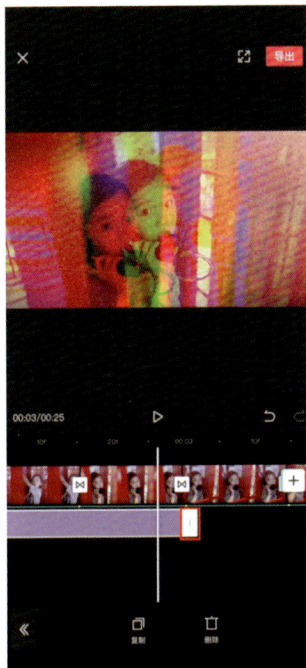

图13-38

图13-39

添加贴纸

我们还可以给视频素材开头加一个动感贴纸。滑动时间线，回到时间轴的开头，点击底部的"贴纸"按钮，如图13-40所示，选择"boom"贴纸，如图13-41所示，拖动贴纸到合适的位置，点击"√"按钮，如图13-42所示。

到这里，这个炫酷且有动感的卡点视频基本就算是制作完成了。最后点击界面右上角的"导出"按钮，如图13-43所示，将视频导出即可，如图13-44所示。

图13-40

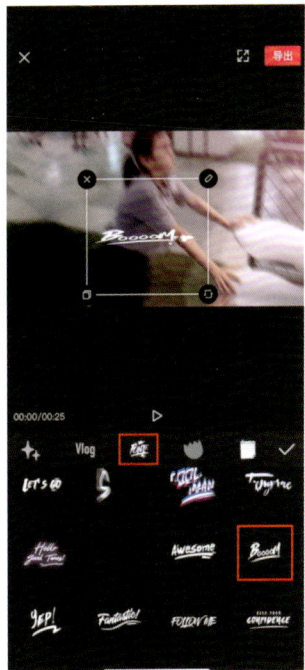

图13-41

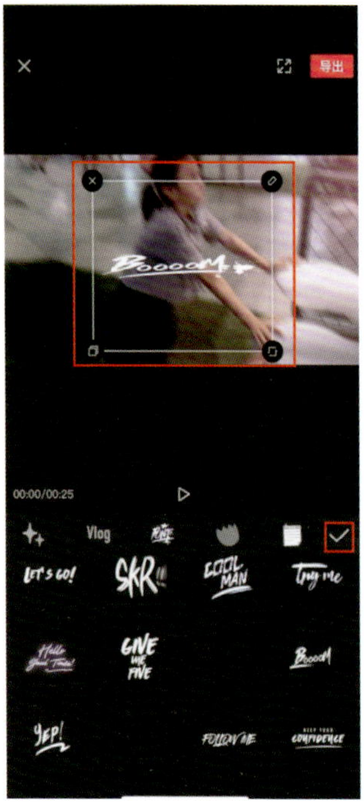

图13-42

图13-43

图13-44

制作卡点视频的重点如下：

（1）尽量多准备一些素材，这些素材最好风格一致；

（2）用剪映的自动踩点功能给音乐标示节拍点；

（3）按照标示的节拍点剪裁素材；

（4）给每一段视频素材添加动画效果；

（5）添加转场效果；

（6）添加特效；

（7）添加贴纸。

第 14 章

利用剪映的蒙版功能制作文艺风MV

本章主要讲解剪映的蒙版功能的使
用方法，教大家利用蒙版功能制作
文艺风 MV，同时我也会分享我的
剪辑思路，也就是剪辑之前我是怎
么构思的。

14.1
剪辑思路

本案例的成片截图，如图14-1~图14-6所示。

我的剪辑思路具体如下。我想做一个类似MV的Vlog，所以需要先选一首喜欢的歌，我选择了《年轮说》。既然是MV，那就要有歌词，所以我准备用剪映的识别歌词功能加上歌词字幕。选好了背景音乐，整部Vlog的基调就定下来了——有点感伤、充满回忆。为了营造这种有点感伤、充满回忆的氛围，我需要用到剪映的画中画功能和蒙版功能。最后还需要给Vlog加上一个好看的滤镜，加强电影感。

图14-1

图14-2

图14-3

图14-4

图14-5

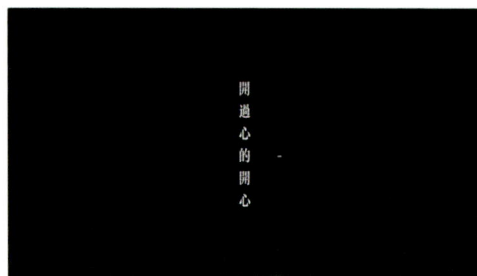
图14-6

14.2
剪辑步骤

导入素材

打开剪映，点击"开始创作"按钮，如图14-7所示，如图14-8所示，导入第一张照片素材，如图14-9所示。

图14-7　　　　　　　　　　　图14-8　　　　　　　　　　图14-9

选中照片素材，滑动时间线到5秒的位置，在时间轴上方可以看到刻度，点击"+"按钮，如图14-10所示，导入一段视频素材，如图14-11和图14-12所示。

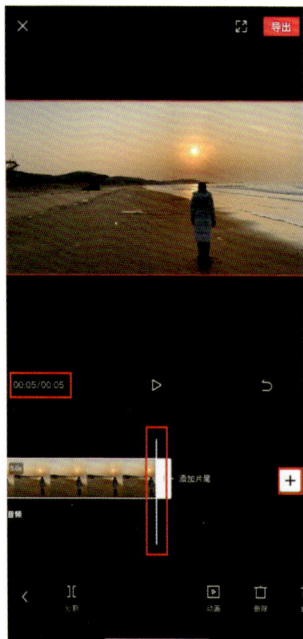

图14-10

图14-11

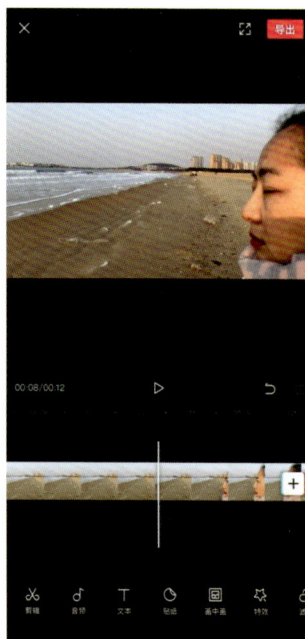

图14-12

　　选中视频素材，滑动时间线到10秒的位置，点击"分割"按钮，如图14-13所示，将素材分割成两段，如图14-14所示。选中后面的部分，点击"删除"按钮，如图14-15所示，将多余的部分删除。

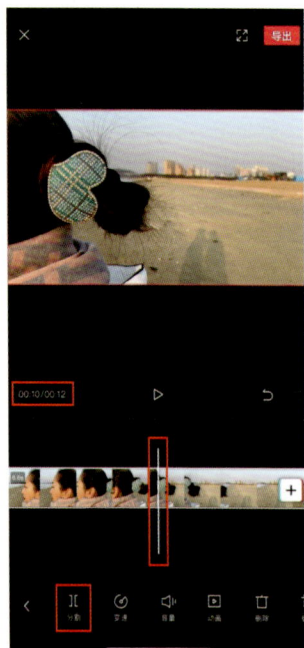

图14-13

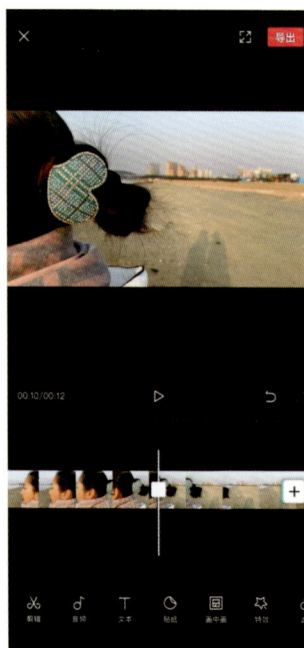

图14-14

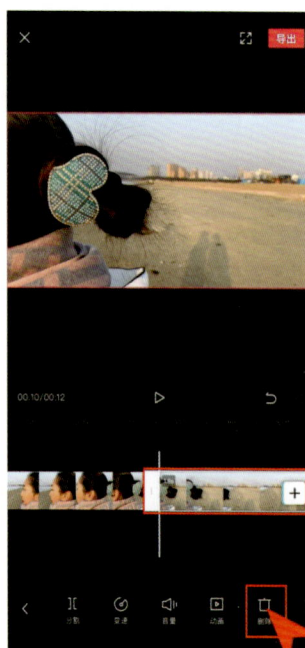

图14-15

再次点击"＋"按钮，如图14-16所示，导入第二段视频素材，如图14-17和图14-18所示。

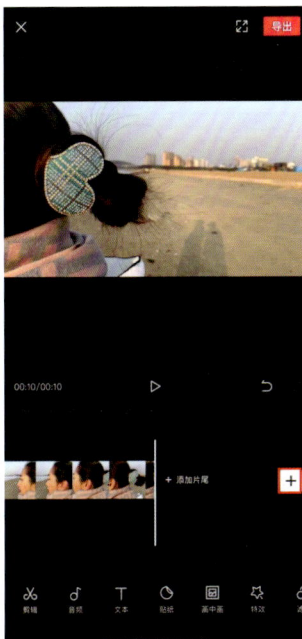

图14-16

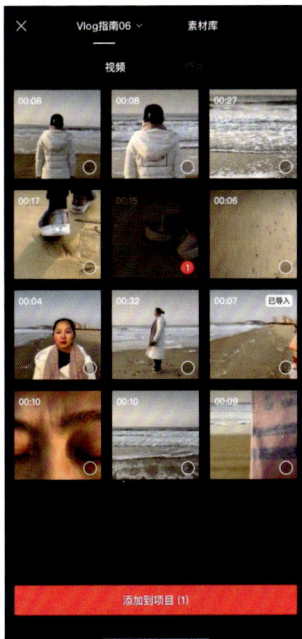

图14-17

图14-18

选中第二段视频素材，滑动时间线到20秒的位置，点击"分割"按钮，如图14-19所示，将本段素材分割成两段。选中后面的部分，点击"删除"按钮，如图14-20所示，将多余的部分删除，如图14-21所示。

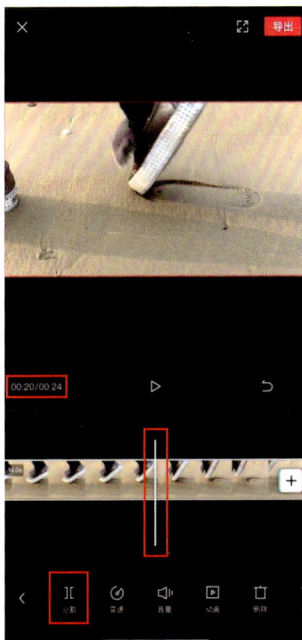

图14-19

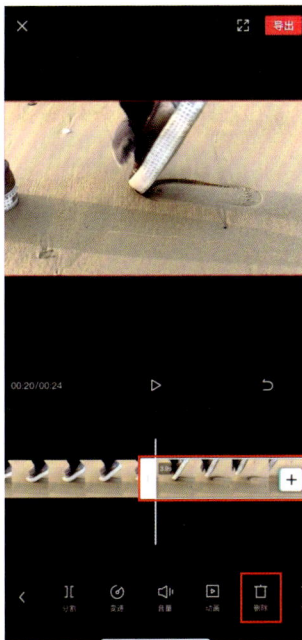

图14-20

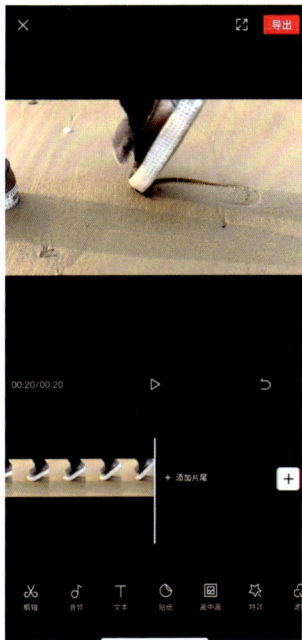

图14-21

添加画中画和蒙版

　　时间线滑到素材的起始位置，点击"画中画"按钮，如图14-22所示，再点击"新增画中画"按钮，如图14-23所示，导入第三段视频素材作为画中画素材，如图14-24所示。

图14-22

图14-23

图14-24

　　双指放大画中画素材到填满整个画面，如图14-25所示。然后在视频预览区按住画中画素材并将其向左拖动，使其中的人物位于画面左边的1/3处，点击"蒙版"按钮，如图14-26所示，选择"线性"蒙版，此时视频预览区会出现一条黄线，如图14-27所示，这条黄线代表"线性"蒙版的遮盖边缘。先用双指将这条黄线逆时针旋转90°，使其变成垂直的，如图14-28所示，方便后面调整人物的位置。然后拖动黄线右侧的箭头图标，如图14-29所示，让画面两侧的人物完整地露出来。这用到了羽化功能，以无缝拼合两个画面，效果如图14-30所示。

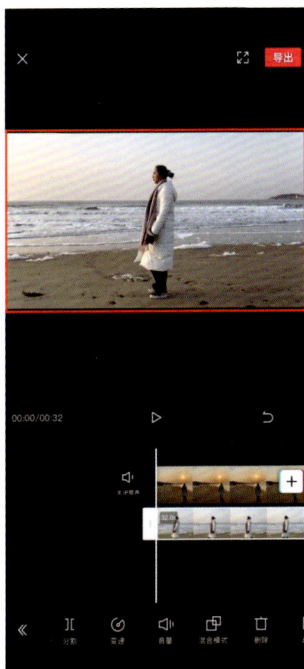

图14-25

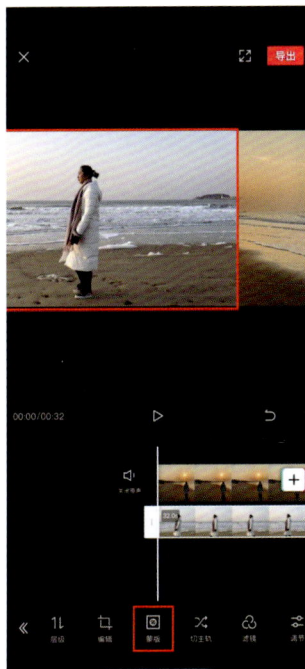

图14-26

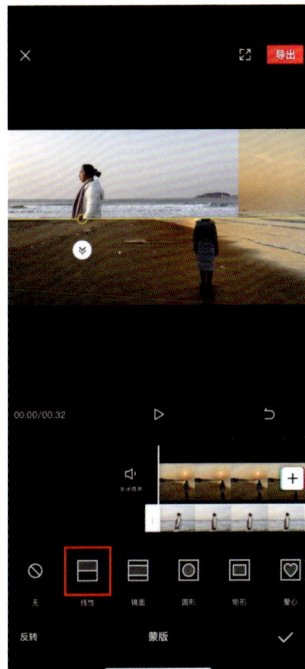

图14-27

图14-28

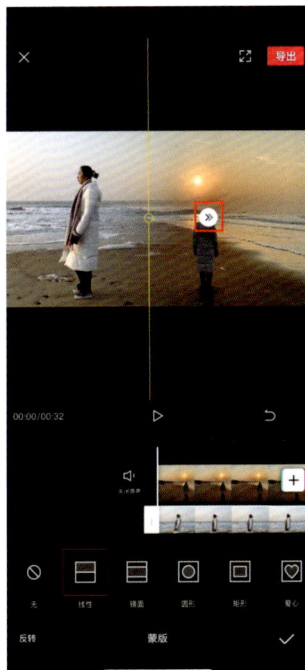

图14-29

图14-30

选中画中画素材，滑动时间线到8秒的位置，点击"分割"按钮，如图14-31所示，将素材分割成两段。选中后面的部分，点击"删除"按钮，如图14-32所示，将多余的部分删除，如图14-33所示。

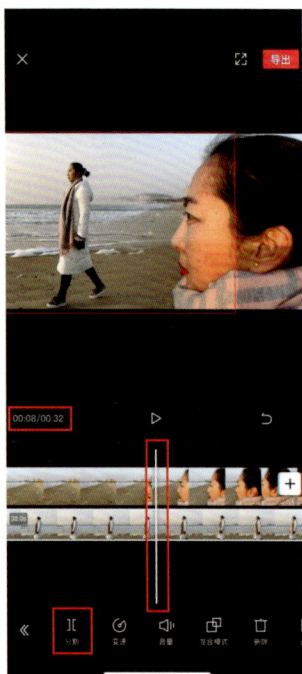

图14-31

图14-32

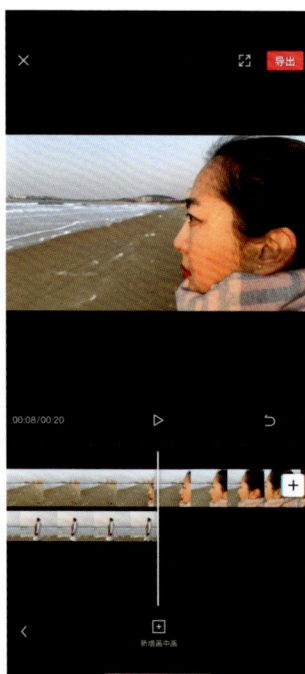

图14-33

接下来添加第二段画中画素材。

点击"新增画中画"按钮，如图14-34所示，导入第二段画中画素材，如图14-35和图14-36所示。

双指放大画中画素材到填满整个画面，如图14-37所示。

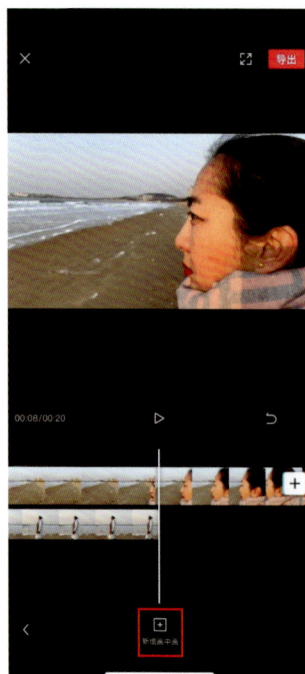

图14-34

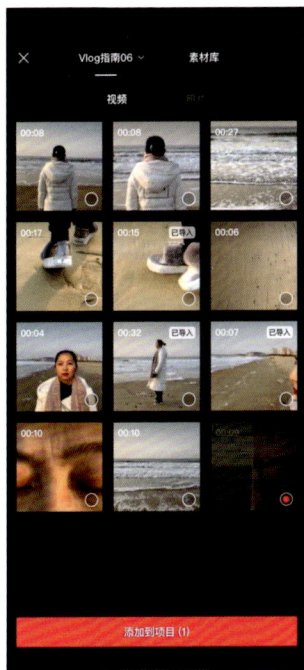

图14-35

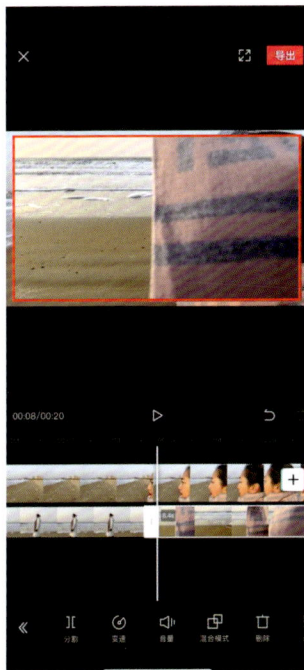

图14-36

图14-37

点击"蒙版"按钮，如图14-38所示，选择"线性"蒙版，如图14-39所示，用双指将黄线顺时针旋转90°，让这条黄线变为垂直的，如图14-40所示。

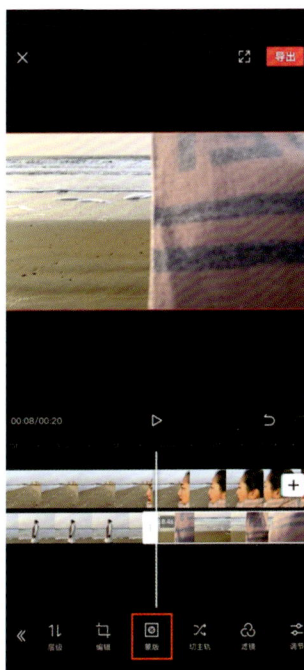

图14-38

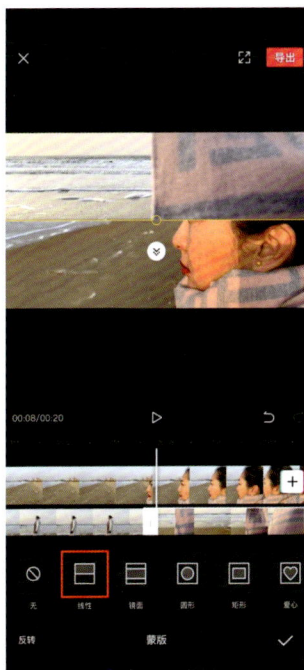

图14-39

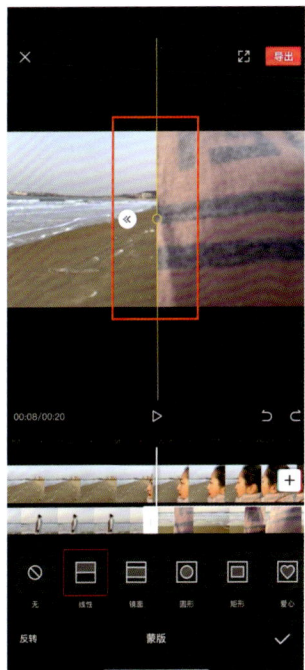

图14-40

　　拖动黄线左侧的箭头图标，增强羽化效果，让飘动的围巾遮住人物的面部，完成后点击"√"按钮，如图14-41所示，返回主界面。

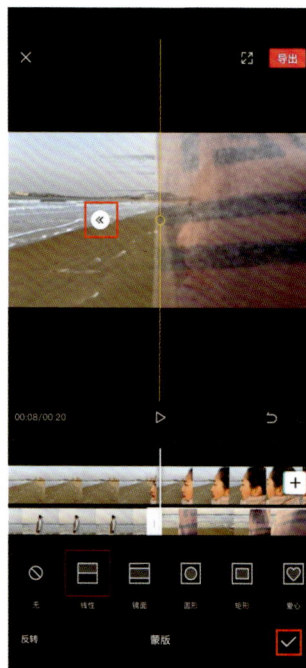

图14-41

关闭所有视频原声

　　先点击"关闭原声"按钮，关闭所有视频素材上的视频原声，如图14-42所示。

　　再点击"画中画"按钮，如图14-43所示，分别选中两段画中画素材，点击"音量"按钮，如图14-44所示，将音量调整到"0"，完成后点击"√"按钮，如图14-45所示，返回主界面。

图14-42

图14-43

图14-44

图14-45

TIPS ◆

一定要将全部画中画素材的音量都调整为"0"，这样才能关闭所有原声。

添加转场

点击两段素材之间的转场按钮，如图14-46所示，选择"基础转场"里的"色彩溶解"效果，拖动"转场时长"滑块到"1.0s"，点击"应用到全部"按钮，点击"√"按钮，如图14-47所示，这样视频中全部的转场就都添加了"色彩溶解"效果，如图14-48所示。

图14-46

图14-47

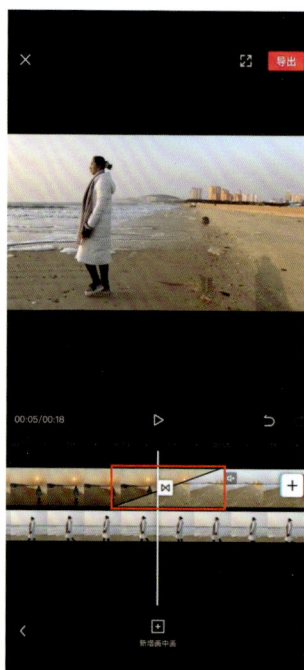

图14-48

添加美颜效果

　　由于光线问题，这段素材中人物的肤色显得有点暗沉。选中这段素材，点击"美颜"按钮，如图14-49所示，选择"磨皮"，如图14-50所示，设置合适的数值，完成后点击"√"按钮，完成操作。

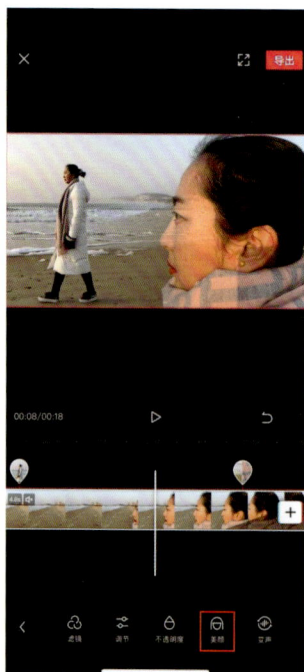

图14-49

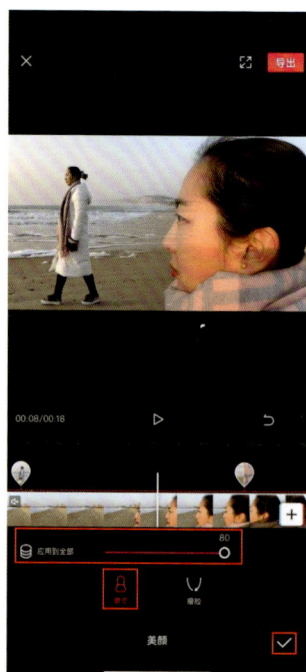

图14-50

添加特效

　　滑动时间线，回到视频的起始位置，点击底部的"特效"按钮，如图14-51所示，选择"梦幻"分类，向下滑动，选择"圣诞光斑"特效，点击"√"按钮，如图14-52所示。在时间轴上选中特效片段，拖动特效片段的尾部到5秒左右，也就是下一个视频素材差不多开始的地方，如图14-53所示。

　　继续添加特效。点击"画面特效"按钮，如图14-54所示，选择"梦幻"分类，向下滑动，选择"人鱼滤镜"特效，点击"√"按钮，如图14-55所示。

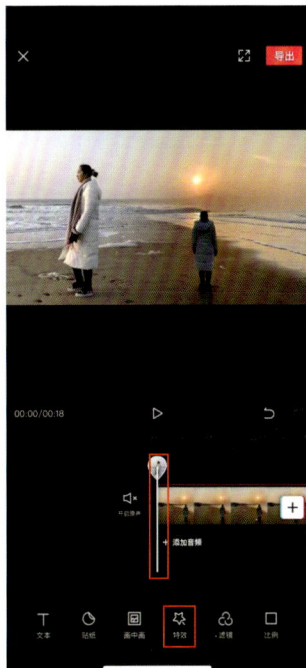

图14-51

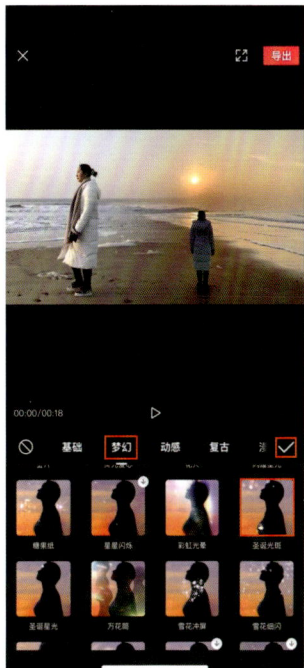

图14-52

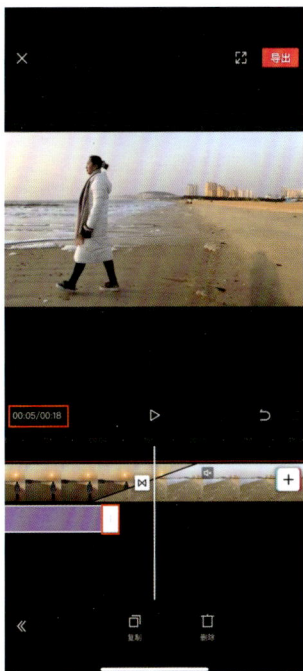

图14-53

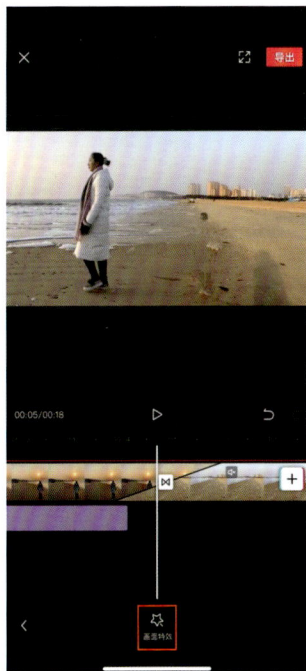

图14-54

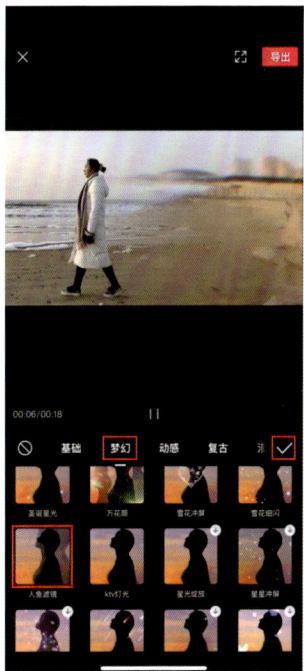

图14-55

添加黑幕淡出片尾

　　点击视频预览区最后面的"+"按钮，如图14-56所示，在打开的界面中选择"素材库"，选择"黑白场"里的黑场素材，如图14-57所示。

　　点击黑场素材和前一段素材之间的转场按钮，如图14-58所示，选择"基础转场"里的"色彩溶解"效果，将"转场时长"滑块调整到"1.5s"处，点击"√"按钮，如图14-59所示。

图14-56

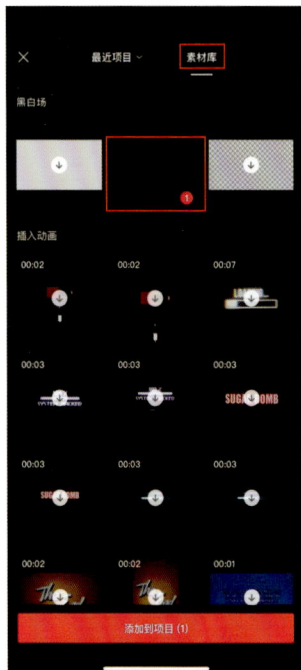

图14-57

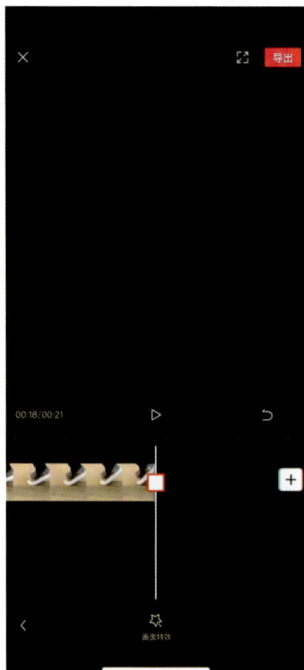

图14-58

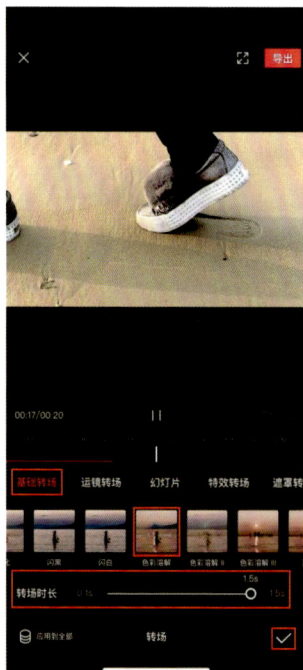

图14-59

添加音乐

　　滑动时间线，回到视频区域的起始位置，点击底部的"音频"按钮，如图14-60所示，再点击"音乐"按钮，如图14-61所示，选择"TIKTOK"分类，如图14-62所示。

　　找到《年轮说》，点击右侧的"使用"按钮，如图14-63所示，把它添加到剪辑项目中，如图14-64所示。

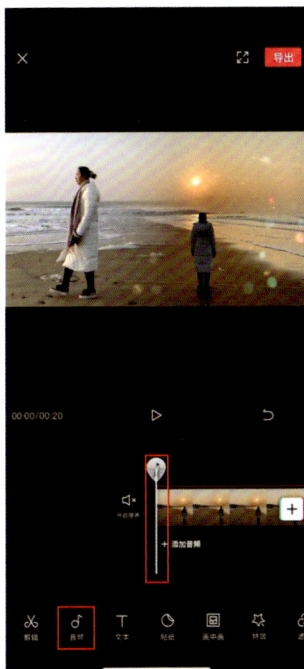

图14-60

图14-61

图14-62

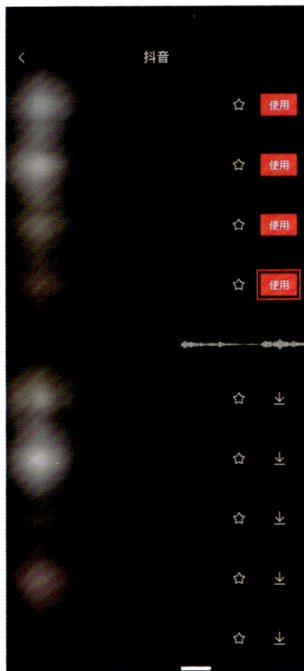

图14-63

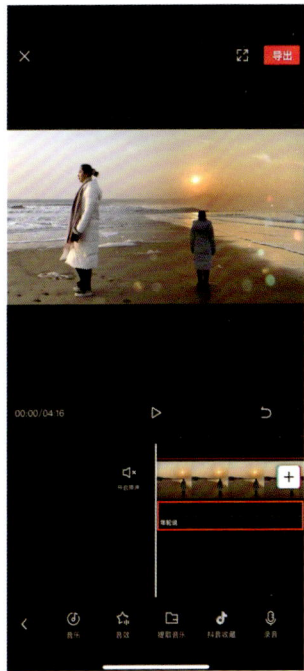

图14-64

剪辑音乐

为了让成片效果更好，我们需要对音乐进行剪辑：剪掉前奏和结尾多余的部分，并给音乐添加淡出效果。

选中音乐素材，将时间线滑动到歌词开始的地方，点击"分割"按钮，如图14-65所示，将音乐素材分割成两段，选中前半段素材，点击"删除"按钮，如图14-66所示，删除无歌词的前奏部分，如图14-67所示。

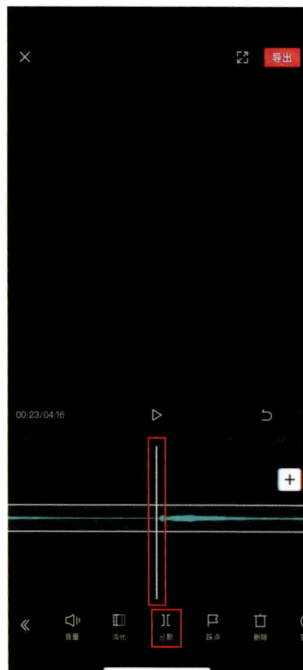
图14-65

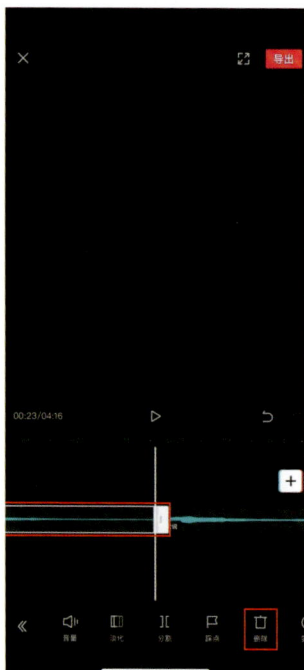
图14-66

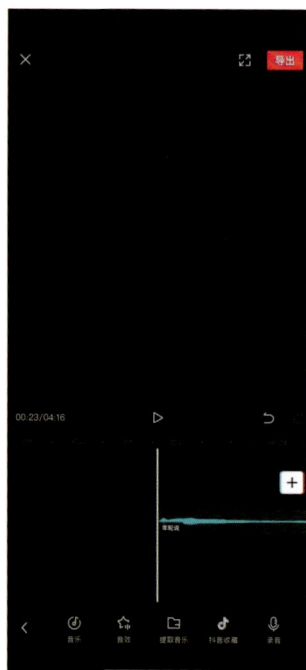
图14-67

按住音乐素材，并将其拖动到视频预览区的开头，如图14-68所示，然后把时间线滑动到视频的结尾处，点击"分割"按钮，如图14-69所示，再次将音乐素材分割成两段。然后选中后面的部分，点击"删除"按钮，如图14-70所示，将多余的部分删除。

再次选中音乐素材，点击底部的"淡化"按钮，如图14-71所示，将"淡出时长"滑块拖动到"6.0s"处，点击"√"按钮，如图14-72所示。

图14-68

图14-69

图14-70

图14-71

图14-72

添加滤镜

滑动时间线，回到视频预览区的起始位置，点击底部的"滤镜"按钮，如图14-73所示，向右滑动，选择"vintage"滤镜，点击"√"按钮，如图14-74所示。按住滤镜素材右侧的边框，将其拖动到视频末尾，如图14-75所示。

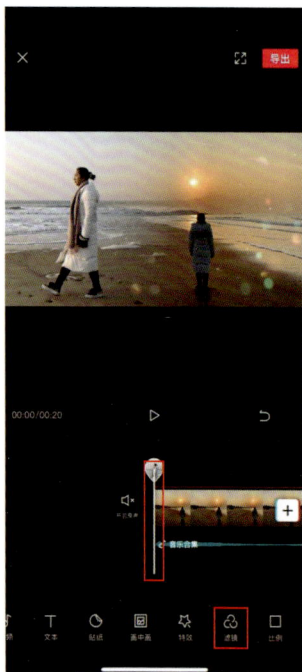

图14-73

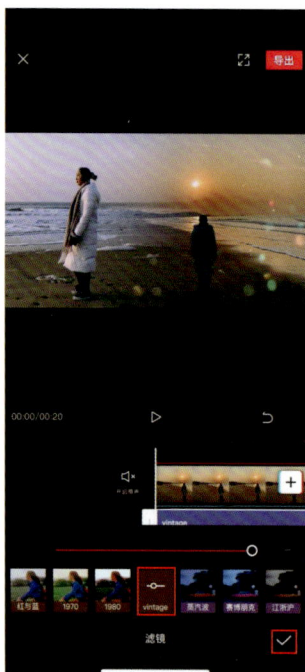

图14-74

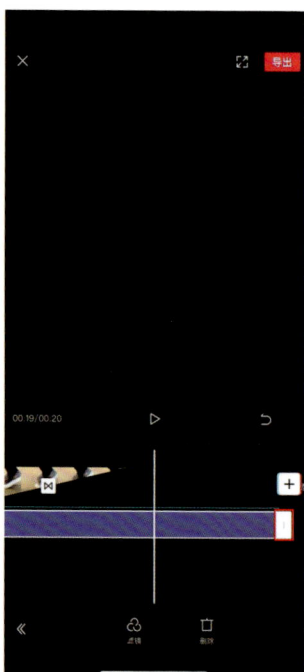

图14-75

添加并编辑歌词

滑动时间线，回到视频预览区的起始位置，点击底部的"文本"按钮，如图14-76所示，点击"识别歌词"按钮，如图14-77所示，再点击"开始识别"按钮，如图14-78所示，歌词就被自动识别出来，并且歌词字幕也被添加到视频中了。

选中其中一段歌词字幕，点击底部的"样式"按钮，如图14-79所示，选择"港风繁体"，如图14-80所示。向下滑动，将"对齐"方式设为"竖向"对齐，如图14-81所示。

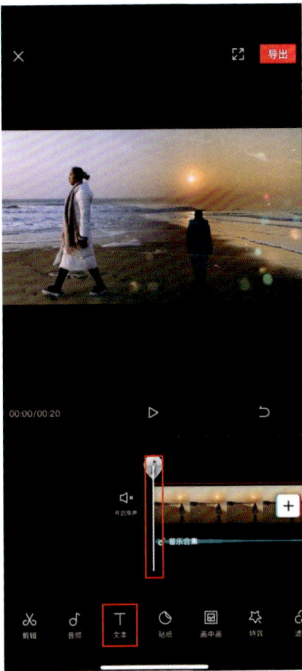

图14-76

图14-77

图14-78

图14-79

图14-80

图14-81

　　在视频预览区将歌词字幕拖动到画面中央，并调整到合适的大小。然后还可以将"字间距"下的滑块调整至合适的位置，让歌词字幕看起来更美观，如图14-82所示。当然你也可以选择自己喜欢的样式。

　　点击"动画"按钮，在"入场动画"中选择"缩小"，如图14-83所示；在"出场动画"中选择"放大"，调整入场动画和出场动画的时长，点击"√"按钮，如图14-84所示。

图14-82

图14-83

图14-84

　　然后给所有的歌词字幕都加上一样的入场动画和出场动画。这些动画只能一个一个地添加，剪映没有将动画"应用到全部"的功能，所以这需要你有点耐心。操作过程大致如图14-85~图14-87所示。

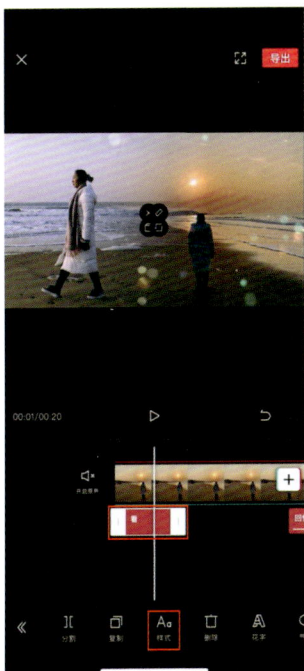

图14-85

图14-86

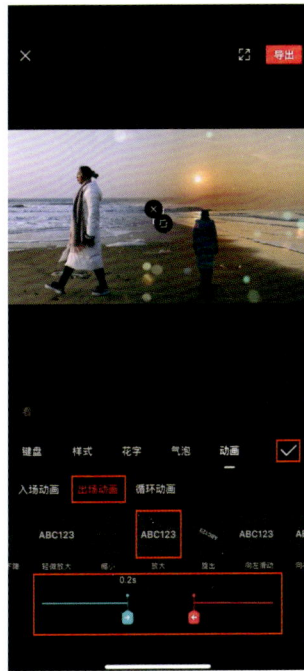

图14-87

添加片头标题

滑动时间线，回到视频预览区的起始位置，点击"新建文本"按钮，如图14-88所示，在文本框中输入"年轮说"，如图14-89所示。拖动控制框右下角的缩放按钮，放大标题，如图14-90所示。

点击"样式"按钮，如图14-91所示，选择"文艺繁体"，将"字间距"下的滑块调整到合适的位置，如图14-92所示。

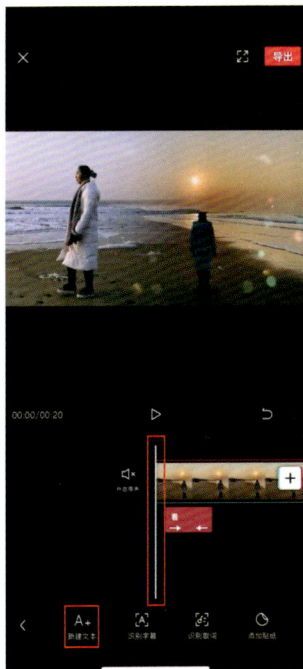

图14-88

图14-89

图14-90

图14-91

图14-92

点击"动画"按钮，在"入场动画"中选择"收拢"，将时长设置为"2.0s"，如图14-93所示;在
"出场动画"中选择"展开"，点击"√"按钮，如图14-94所示。这时我发现新建的标题挡住了歌
词，如图14-95所示。

图14-93

图14-94

图14-95

　　选中被挡住的歌词，点击"样式"按钮，如图14-96所示，取消选中"样式、花字、气泡、位置应用到识别歌词"单选项，如图14-97所示；然后将歌词字幕拖动到画面的右侧，如图14-98所示。至此，这个MV就制作完成了。

图14-96　　　　　　　　　　　　图14-97　　　　　　　　　　　　图14-98

第 15 章

利用巧影制作精彩的片头

除 VN、剪映之外，巧影也是我比较常
用的一款视频剪辑 App，本章主要讲解
如何用巧影制作精彩的片头。

15.1
巧影的常用功能详解

巧影的功能非常强大，它的剪辑界面是横版的，如图15-1所示，可以很好地利用手机屏幕的空间。当然，巧影也存在一个问题，即免费版本所开放的功能并不全。

图15-1

巧影的时间轴上可以无限添加轨道，每一条轨道都一目了然，如图15-2所示，其操作逻辑和电脑剪辑软件很像。

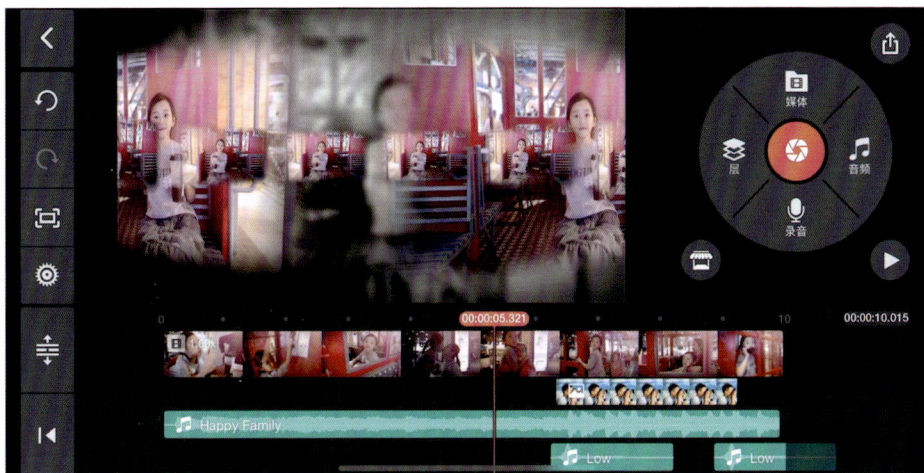

图15-2

巧影支持添加关键帧，因此用户可以自由创作动画效果，如图15-3所示。

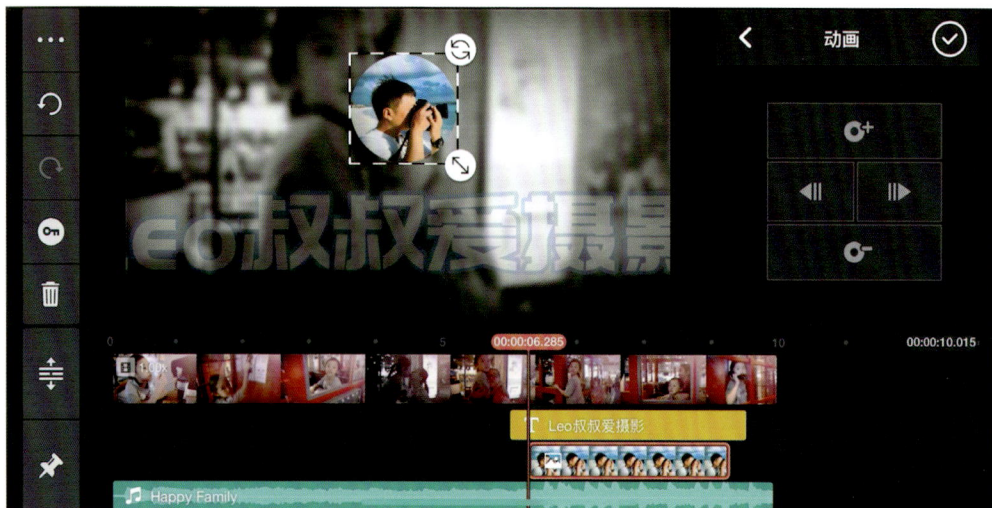

图15-3

巧影支持修改混合模式，如图15-4所示，用户可以自由叠加上下两条轨道上的素材，制作许多令人意想不到的效果。

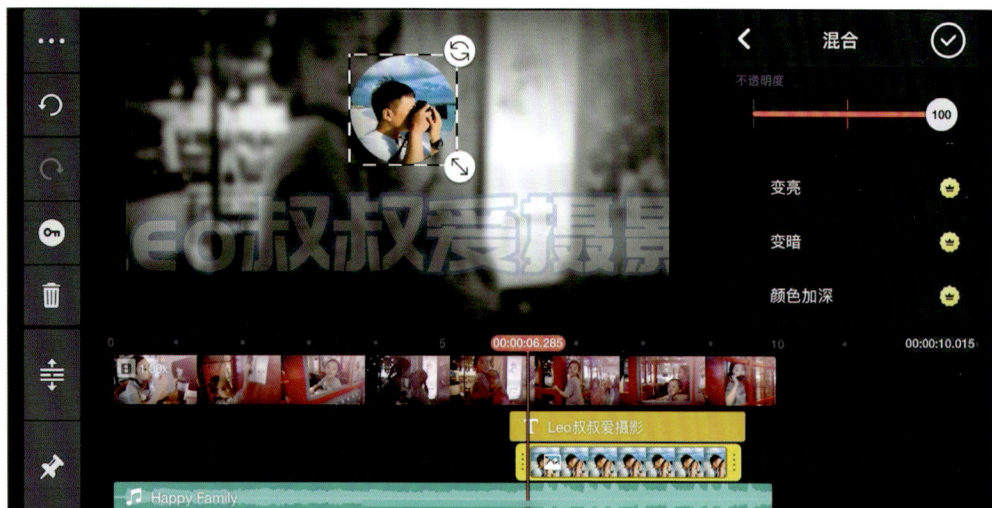

图15-4

巧影具有遮罩功能，如图15-5所示，用户可以轻松制作遮罩动画，比如分身对话效果。

巧影还具有色键功能，如图15-6和图15-7所示，用户可以针对绿幕素材，一键抠除背景色。

图15-5

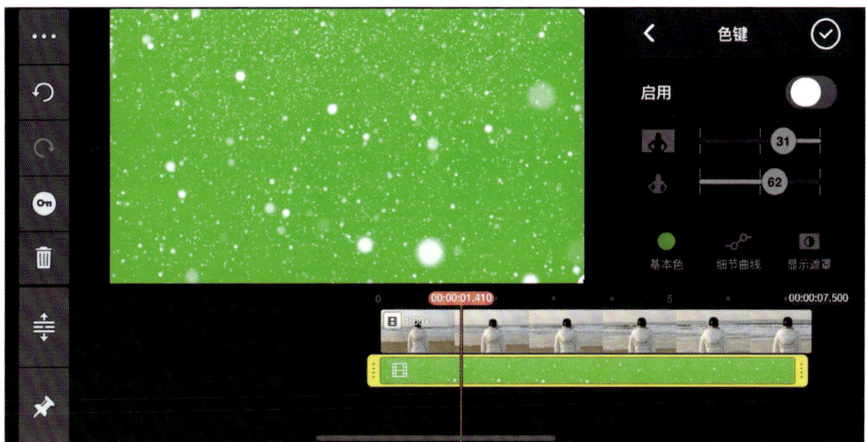

图15-6

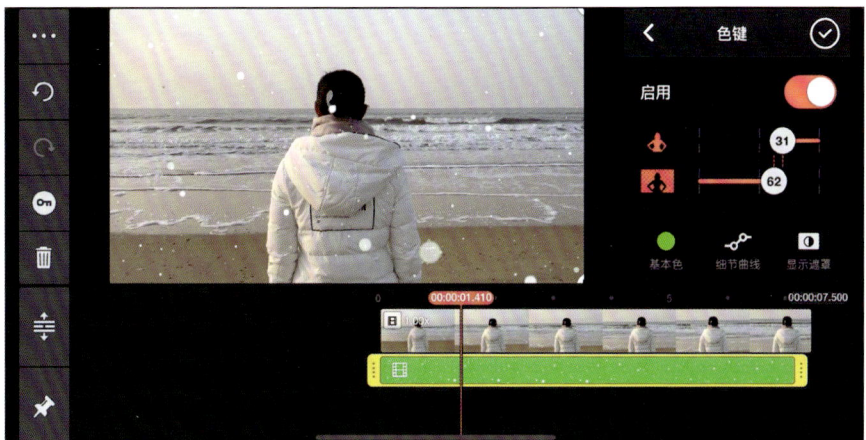

图15-7

巧影具有强大的音频特效功能，如图15-8所示，EQ均衡器可以调整声音的质感，让声音更好听。

图15-8

音量曲线可以轻松控制一整段素材中任意时间点的音量大小，如图15-9所示，用户不必切断音频单独处理。

图15-9

混响功能可以给声音加上混响回音效果，如图15-10所示。

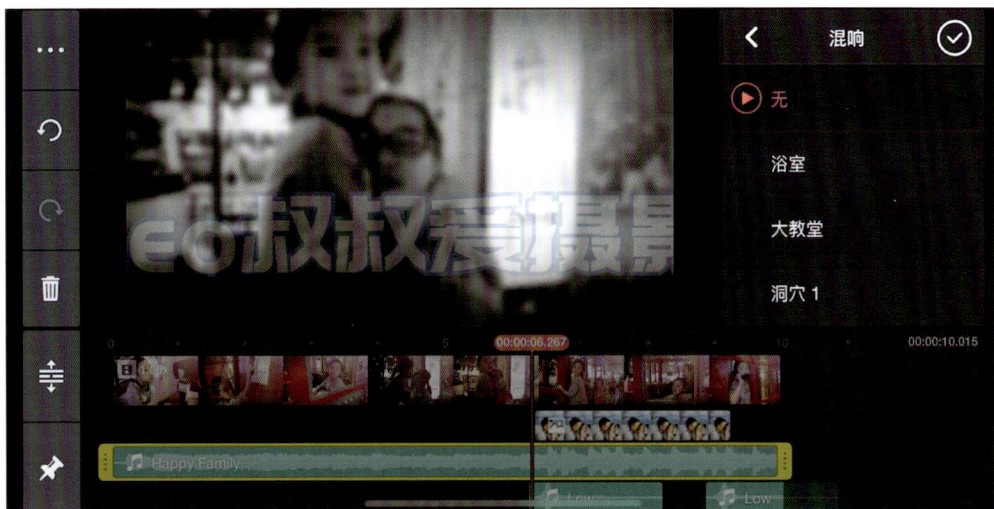

图15-10

在巧影中，我最喜欢的功能是只需要一步设置，就可以让导入的照片素材自动截取固定的长度，非常适合制作快闪和卡点类的视频，它帮助我省去了逐个调整素材长度的步骤，如图15-11和图15-12所示。

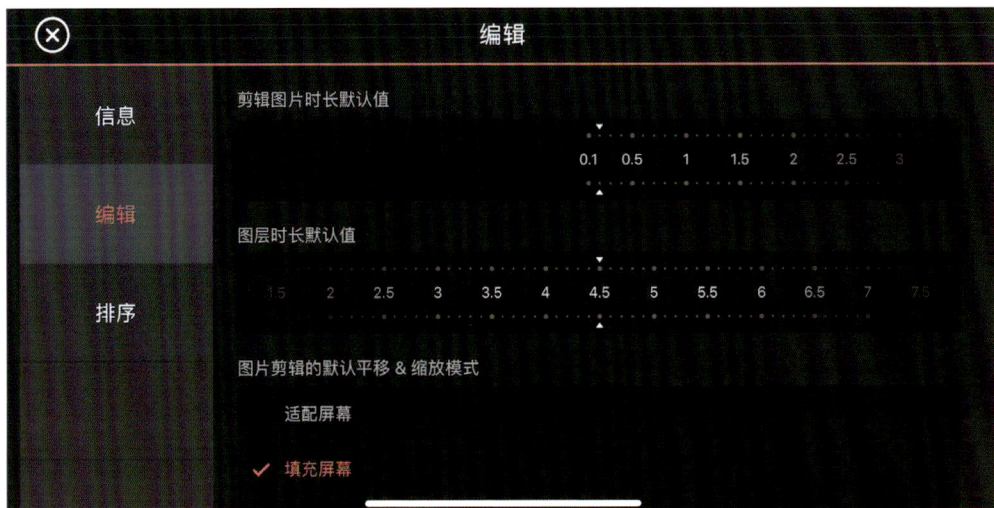

图15-11

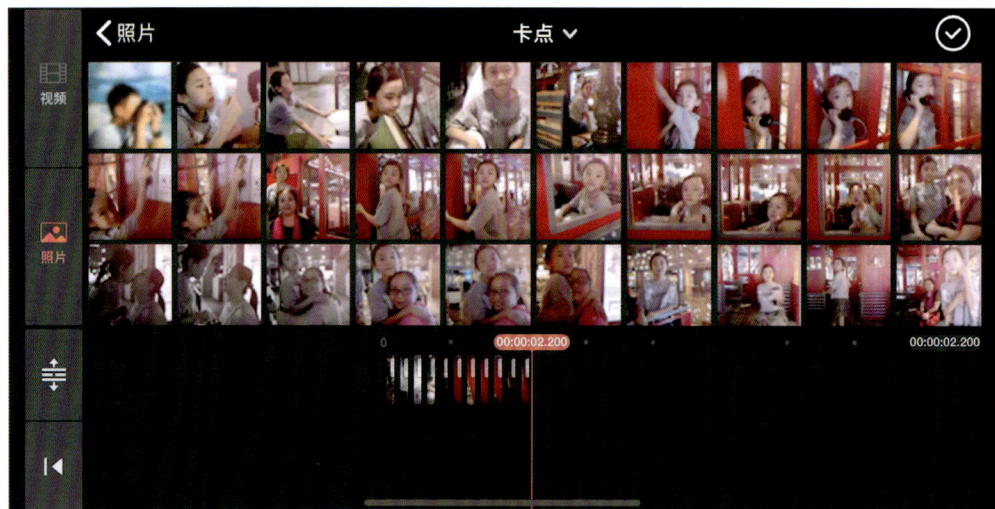

图15-12

　　另外，在设置导出方式时，用户可以自定义分辨率和帧率，如图15-13所示，再也不用担心导出的视频因为分辨率不够高而变模糊了。

图15-13

　　巧影还自带很多优质音乐、音效、特效、贴纸、动画等素材，如图15-14和图15-15所示，这里就不一一介绍了。

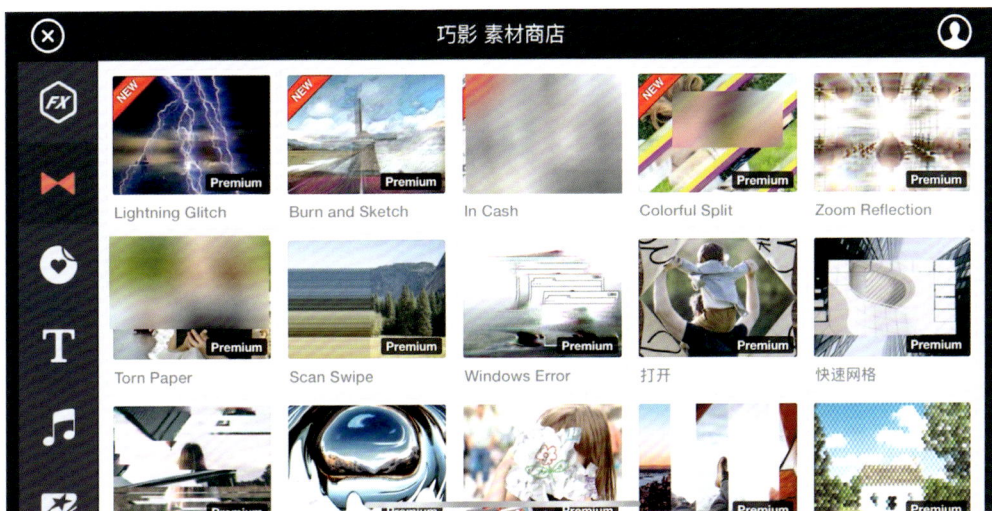

图15-14

图15-15

15.2
利用巧影制作片头

下面通过具体的案例来介绍如何使用巧影制作精彩的片头。

准备素材

多准备一些照片，最好都是横版的且风格一致的照片，这样制作出来的片头效果会更好，如图15-16所示。

图15-16

另外准备一张自己喜欢的或者常用的头像照片，如图15-17所示，后面我会教你如何把自己的头像放进片头。

图15-17

进行初始设置

打开巧影，点击设置按钮，如图15-18所示。

图15-18

选择"编辑"选项，将"剪辑图片时长默认值"设为0.2秒。在"图片剪辑的默认平移＆缩放模式"下方勾选"填充屏幕"，如图15-19所示。

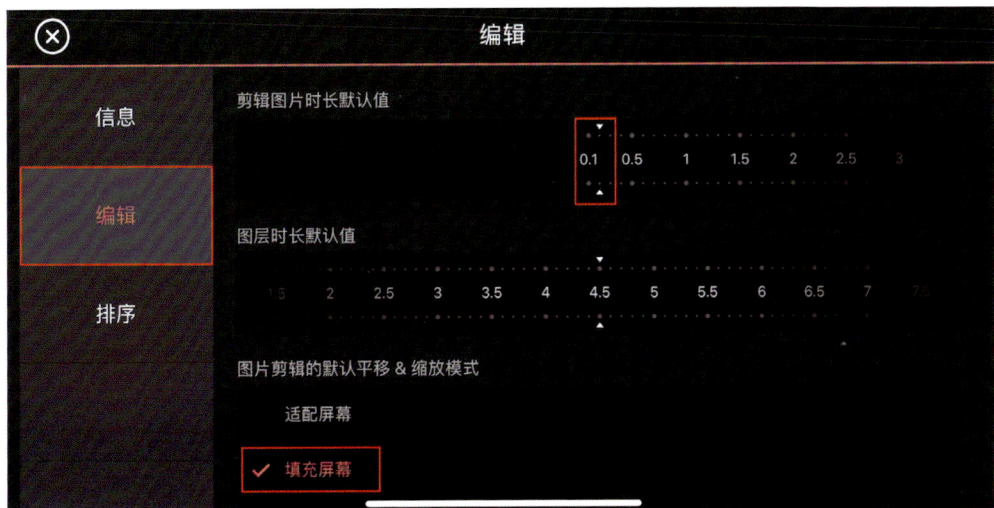

图15-19

制作快闪素材

点击左侧中间的新建按钮，如图15-20所示。

图15-20

因为我想制作的是横版视频，所以我选择"16:9"的视频比例，如图15-21所示。如果制作的是上传抖音的视频，请选择"9:16"的视频比例。

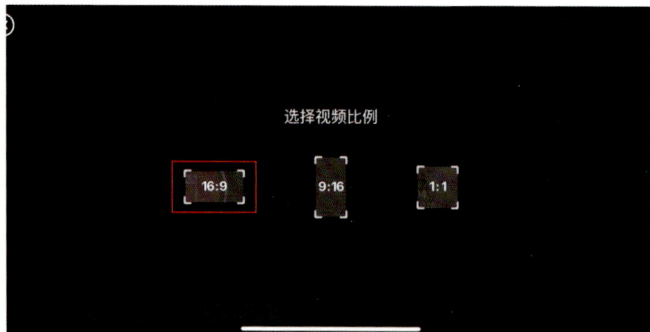

图15-21

点击界面右侧的"媒体"按钮，如图15-22所示，进入素材添加界面。

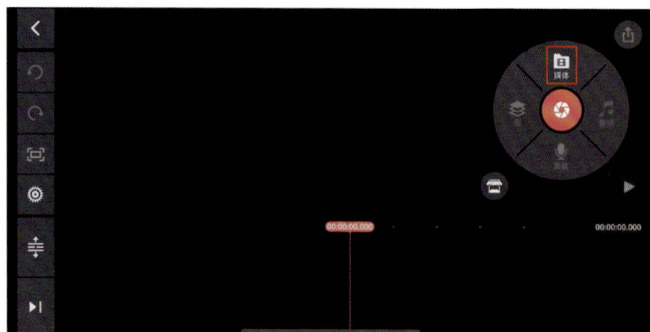

图15-22

选择左侧的"照片"选项，找到你手机里准备好的照片素材，依次点击照片，系统会按照之前设置的0.2秒的剪辑图片时长默认值自动排列照片素材，如图15-23所示。

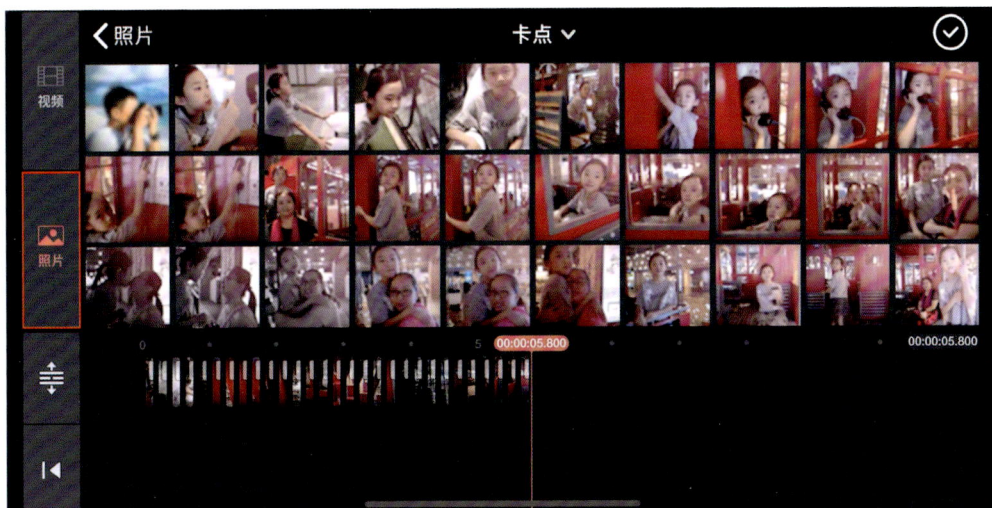

图15-23

如果照片不够多，可以再次点击已选择的照片，直到整个视频的时长为10秒左右，否则片头太短，效果不好。点击右上角的"√"按钮，如图15-24所示，回到剪辑主界面。

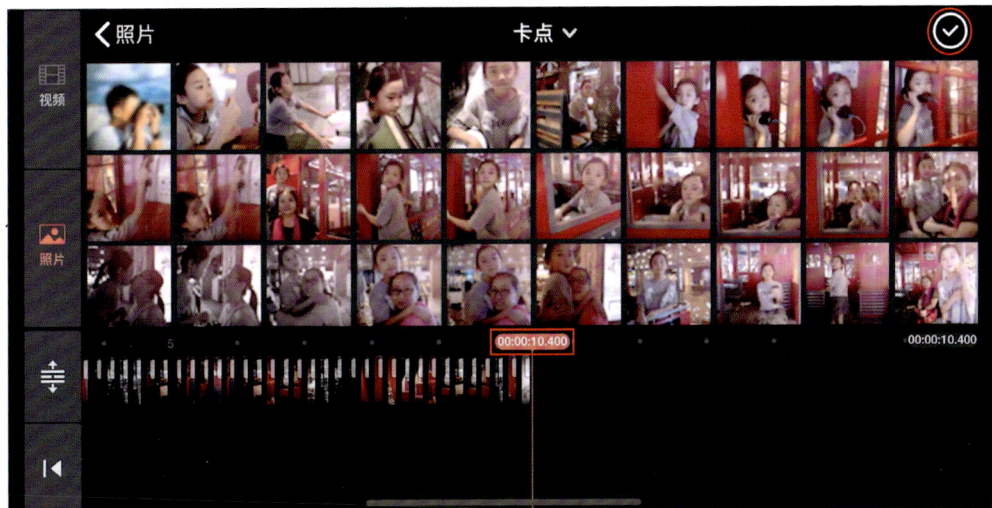

图15-24

接着点击界面右上角的导出按钮，如图15-25所示。

图15-25

设置"分辨率"为"FHD 1080P"，"帧率为60"帧，这样可以保证后面添加了效果的视频足够流畅。拖动滑块至"高质量"端，点击底部的"导出"按钮，如图15-26所示。这样制作好的快闪素材就保存到你的手机相簿里了，一会儿要用到。

图15-26

导出后，点击界面左上角的返回按钮，如图15-27所示，返回剪辑主界面。

图15-27

点击界面左上角的返回按钮，返回起始界面，如图15-28所示。

图15-28

制作动画效果

点击界面左侧中间的新建按钮，如图15-29所示。

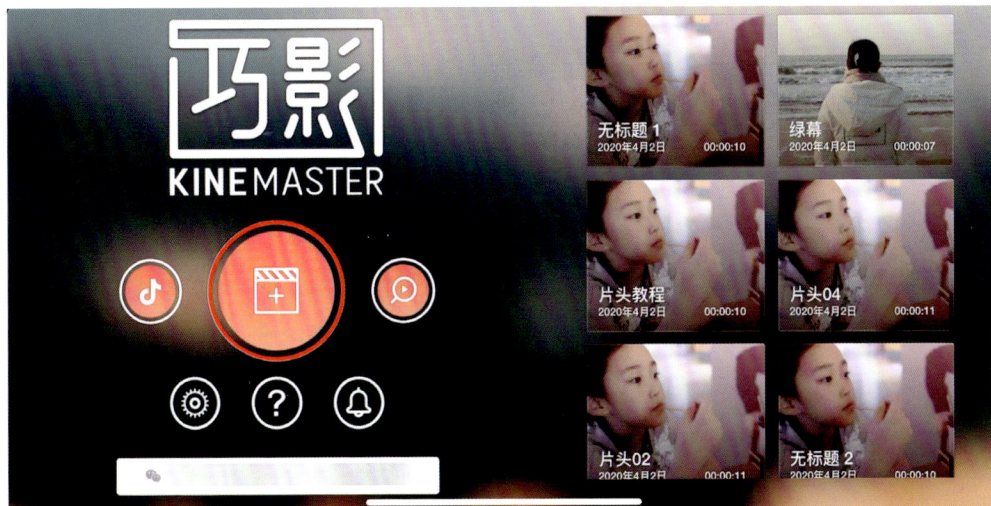

图15-29

选择"16：9"的视频比例，如图15-30所示。

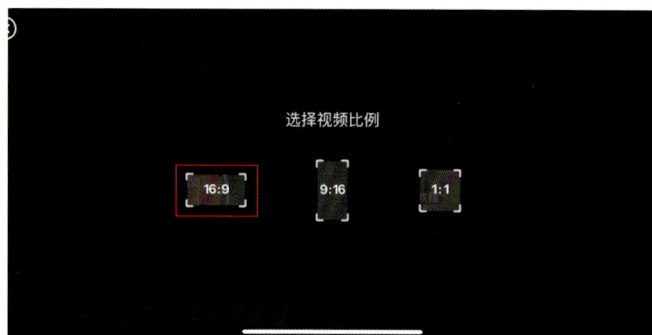

图15-30

点击右侧的"媒体"按钮，进入素材添加界面，如图15-31所示。

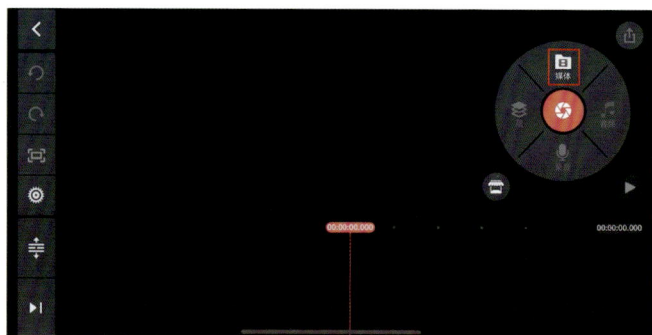

图15-31

点击左侧的"视频"按钮，选择刚才制作好的快闪素材，点击界面右上角的"√"按钮，如图15-32所示，返回剪辑主界面，如图15-33所示。

图15-32

图15-33

选中素材片段，点击界面左上角的"…"按钮，如图15-34所示。

图15-34

在打开的菜单中选择"复制为图层"选项，如图15-35所示，此时的画面效果如图15-36所示。

图15-35

图15-36

在视频预览区点击选中新复制的图层素材，拖动右下角的缩放按钮，放大画面，如图15-37所示。

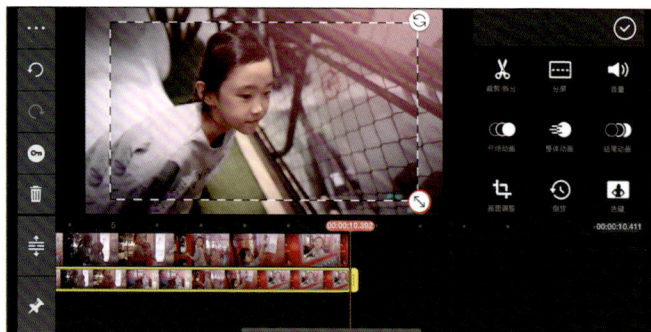

图15-37

点击右侧的"开场动画"按钮，如图15-38所示。

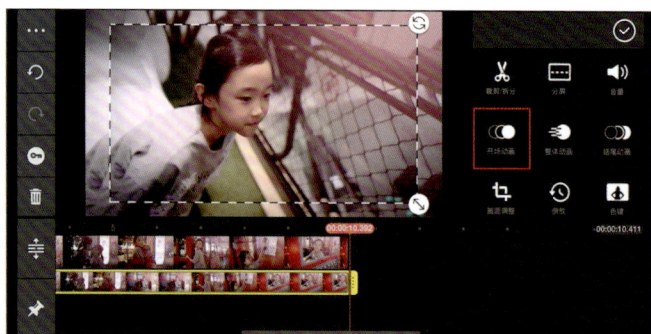

图15-38

选择"按比例放大"选项，点击返回按钮，如图15-39所示。

图15-39

点击"整体动画"按钮，如图15-40所示。

图15-40

选择"响铃"选项，点击返回按钮，如图15-41所示。

图15-41

点击"结尾动画"按钮，如图15-42所示。

图15-42

选择"按比例缩小"选项，点击返回按钮，如图15-43所示。

图15-43

我们来看一下此时的效果，如图15-44~图15-49所示，可以看到画面的四周太生硬，不够自然，所以我们需要接着往下调整。

图15-44

图15-45

图15-46

图15-47

图15-48

图15-49

添加蒙版羽化效果

　　选中第二条轨道上素材片段，点击右侧的"画面调整"按钮，如图15-50所示。

图15-50

　　开启"遮罩"开关，形状为默认的矩形，将"羽化"值调整到"25"，点击"√"按钮，如图15-51所示，返回剪辑主界面。

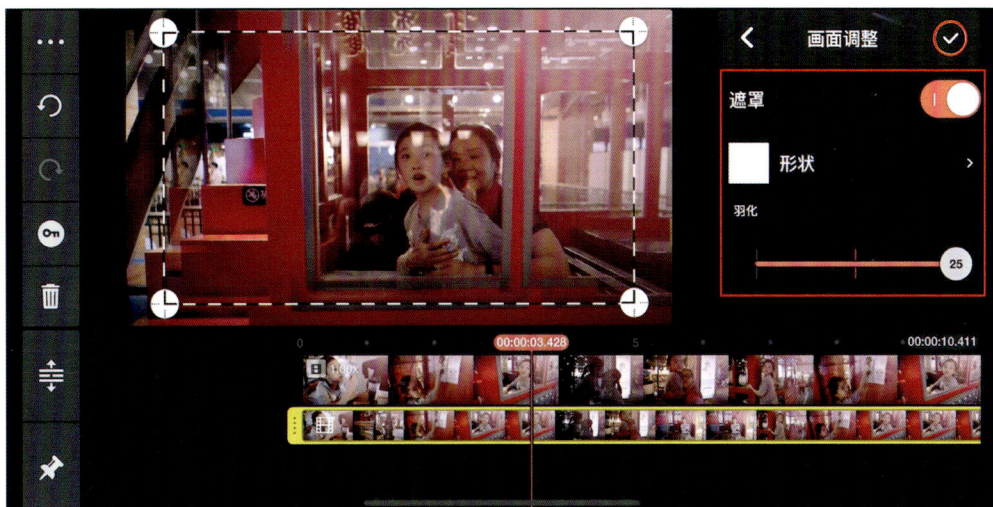

图15-51

　　我们再来看一下效果，照片边缘虽然已经比较柔和、自然，但此时背景和转动照片画面的颜色太接近了，如图15-52~图15-55所示。

图15-52

图15-53

图15-54

图15-55

给背景添加黑白模糊效果

选中第一条轨道上的素材，点击右侧的"滤镜"按钮，如图15-56所示。

图15-56

点击"单色"按钮，选择"M02"滤镜，点击"√"按钮，如图15-57所示，返回剪辑主界面。

图15-57

滑动时间线到视频的起始位置，点击右侧的"层"按钮，选择"特效"，如图15-58所示。

图15-58

选择底部的"Basic Effects"（基本特效），选择第一个"Gaussian Blur"（高斯模糊），点击"√"按钮，如图15-59所示，返回剪辑主界面。

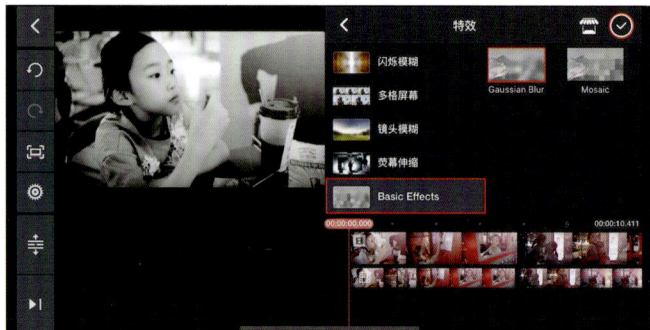

图15-59

在视频预览区拖动控制框右下角的缩放按钮，如图15-60所示，放大特效至全屏状态，如图15-61所示。

图15-60

图15-61

选中刚才添加的特效图层，点击左侧的"⋯"按钮，在打开的菜单中选择"置于底层"，如图15-62所示，这样模糊特效就只作用于背景图层。

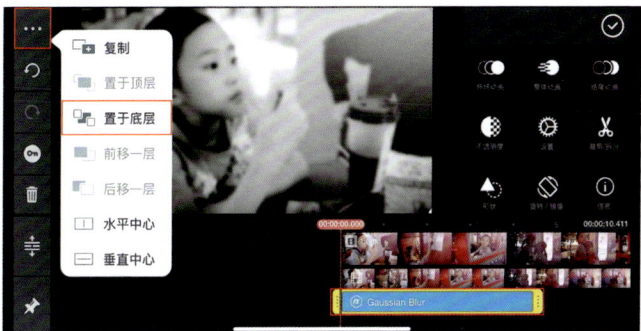

图15-62

点击左上角的返回按钮，如图15-63所示，返回上一个界面。

图15-63

　　按住并拖动特效图层的右侧边框到视频的尾部，使其持续时间和整体视频时长相同，如图15-64所示。

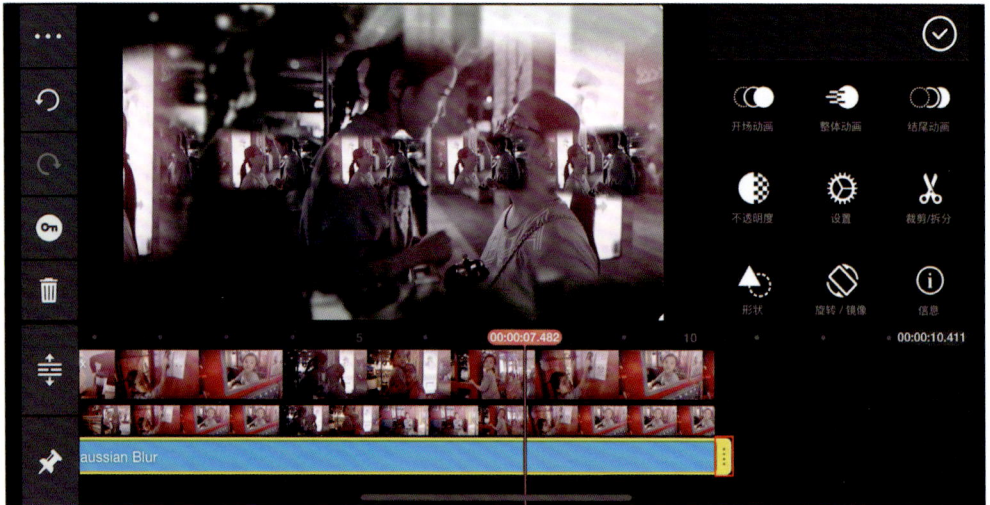

图15-64

　　现在的效果已经非常接近期待中样片的效果了，如图15-65~图15-68所示。下面我们加上文本和头像。

图15-65

图15-66

图15-67

图15-68

添加文本动画

滑动时间线到5秒左右的位置，点击右侧的"层"按钮，选择"文本"，如图15-69所示。

图15-69

在文本框中输入你的频道名称，如"Leo叔叔爱摄影"，点击右上角的"√"按钮，如图15-70所示，返回剪辑主界面。

图15-70

拖动文本控制框右下角的缩放按钮，如图15-71所示，放大文本，同时将文本整体向下移，如图15-72所示，因为上面还要放头像。

图15-71

图15-72

点击右侧的"字体"按钮，如图15-73所示。

图15-73

选择"中文（简体）"选项，选择你喜欢的字体，这里我使用的是"庞门正道标题体"，你也可以在巧影素材商店里下载字体，完成后点击"√"按钮，返回剪辑主界面，如图15-74所示。

图15-74

在时间轴上选中标题，点击右侧的"轮廓"按钮，如图15-75所示。

图15-75

开启"启用"开关，如图
15-76所示，选择一个你喜欢的
轮廓颜色，调整轮廓粗细，完成
后点击"√"按钮，如图15-77
所示。

图15-76

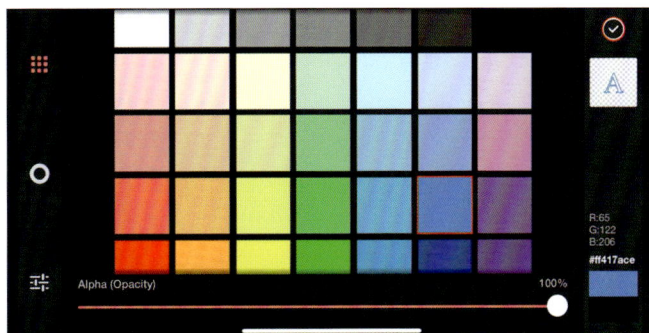

图15-77

在时间轴上再次选中标
题，拖动标题的右侧边框到合
适的位置，点击"开场动画"按
钮，如图15-78所示。

图15-78

选择"按比例缩小"选
项，点击"√"按钮，如图
15-79所示。

图15-79

再点击"结尾动画"按钮，如图15-80所示。

图15-80

选择"按比例放大"选项，如图15-81所示，这样我们就给标题加上了入场动画和出场动画。

图15-81

添加头像动画

将时间线滑动到标题出现的位置，点击右侧的"层"按钮，选择"媒体"，如图15-82所示。

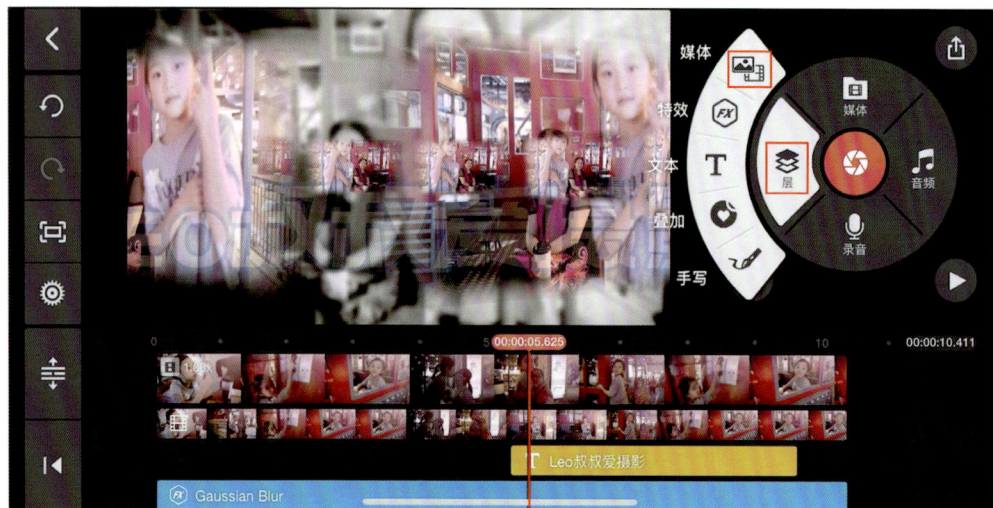

图15-82

点击界面左侧的"照片"
按钮，选择头像照片，点击
"√"按钮，如图15-83所示。

图15-83

在视频预览区拖动照片控
制框右下角的缩放按钮，如图
15-84所示，将头像缩小到合适
大小，并把它拖动到标题上方，
如图15-85所示。

图15-84

图15-85

点击右侧的"画面调整"
按钮，如图15-86所示。

图15-86

开启"遮罩"开关，选择
圆形，点击"√"按钮，如图
15-87所示，返回剪辑主界面。

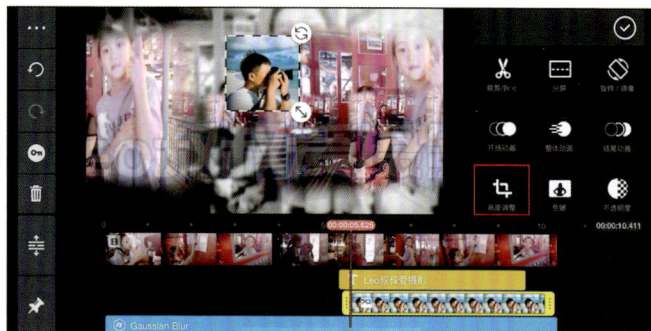

图15-87

在时间轴上选中头像图
层，拖动其右侧边框到合适的位
置，如图15-88所示。

图15-88

点击右侧的"开场动画"
按钮，如图15-89所示。

图15-89

选择"流行"选项，点击
"√"按钮，如图15-90所示。

图15-90

再点击"结尾动画"按钮，如图15-91所示。

图15-91

选择"顺时针旋转"选项，点击"√"按钮，如图15-92所示，返回剪辑主界面。

图15-92

选中有旋转动画的图层，拖动图层的右侧边框至标题要出现的位置，如图15-93所示，这么做的目的是避免视频的动画效果影响标题的动画效果。

图15-93

当前的画面效果如图15-94~图15-101所示。

图15-94

图15-95

图15-96

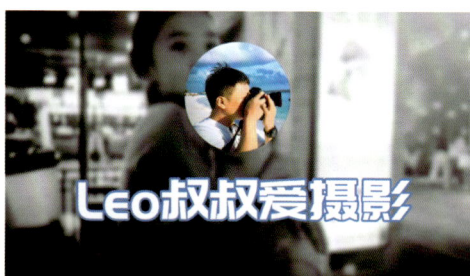
图15-97

图15-98

图15-99

图15-100

图15-101

添加音乐和音效

滑动时间线，回到时间轴的起始位置，点击右侧的"音频"按钮，如图15-102所示。

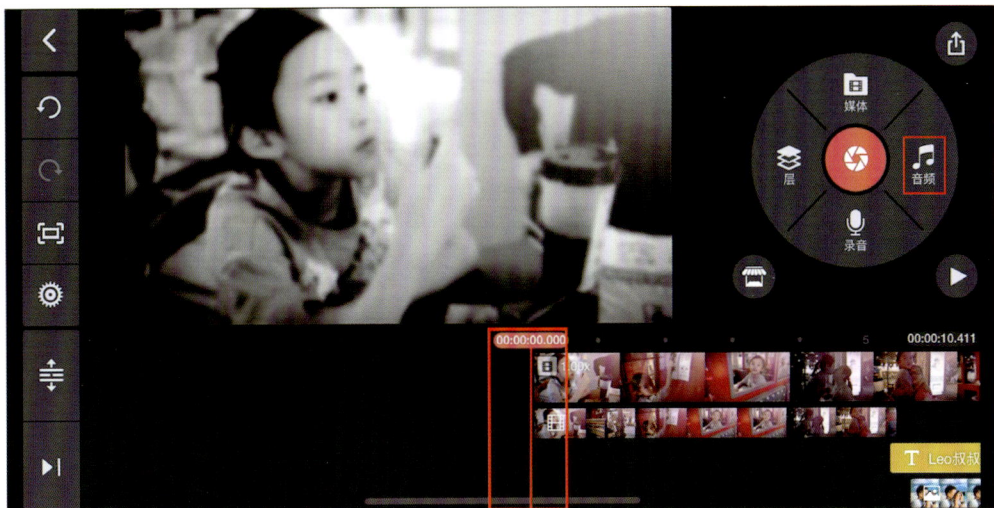

图15-102

点击"音乐素材"，添加自己喜欢的音乐。如果找不到喜欢的音乐，可以在巧影素材商店里下载。这里我用的是《HAppy Family》，点击"+"按钮，然后点击"√"按钮将音乐添加到时间轴上，如图15-103所示。

图15-103

滑动时间线到结尾处，选中音乐，点击右侧的"裁剪/拆分"按钮，如图15-104所示。

图15-104

选择"裁剪至播放指针右侧"选项，这样就可以删掉多余的音乐部分了，点击"√"按钮，如图15-105所示，返回剪辑主界面。

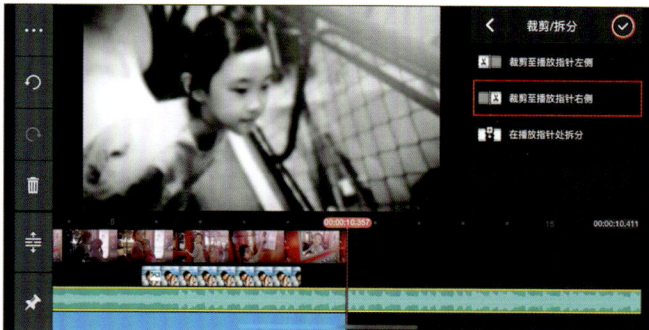

图15-105

滑动时间线到标题刚刚出现的位置，点击右侧的"音频"按钮，如图15-106所示。

图15-106

点击"音效资源"，点击"嗖"，点击"Low"选项右侧的"+"按钮，然后点击"√"按钮，如图15-107所示，把该音效添加到时间轴上，如图15-108所示。

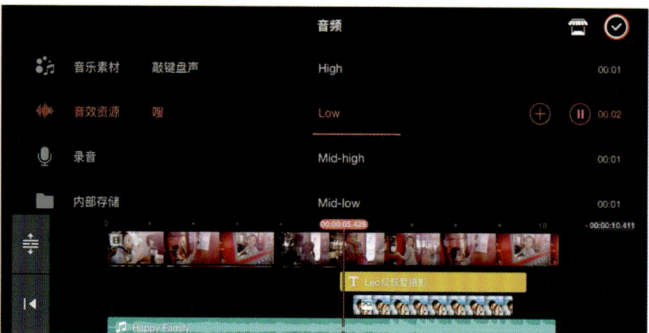

图15-107

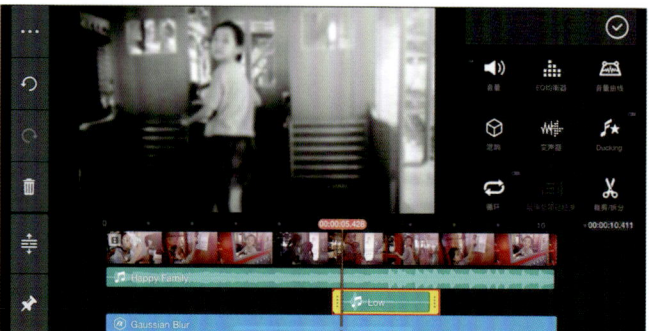

图15-108

滑动时间线到标题马上要
放大消失的地方，按照前面的步
骤，加上一样的音效，如图15-
109所示。

图15-109

这时你会发现音效声太
小，被音乐声给盖住了。选中音
效，点击右侧的"音量"按钮，
如图15-110所示，将音量开到最
大，点击"√"按钮，如图15-
111所示。

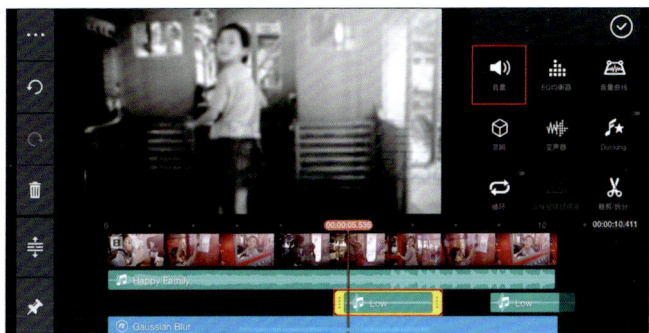

图15-110

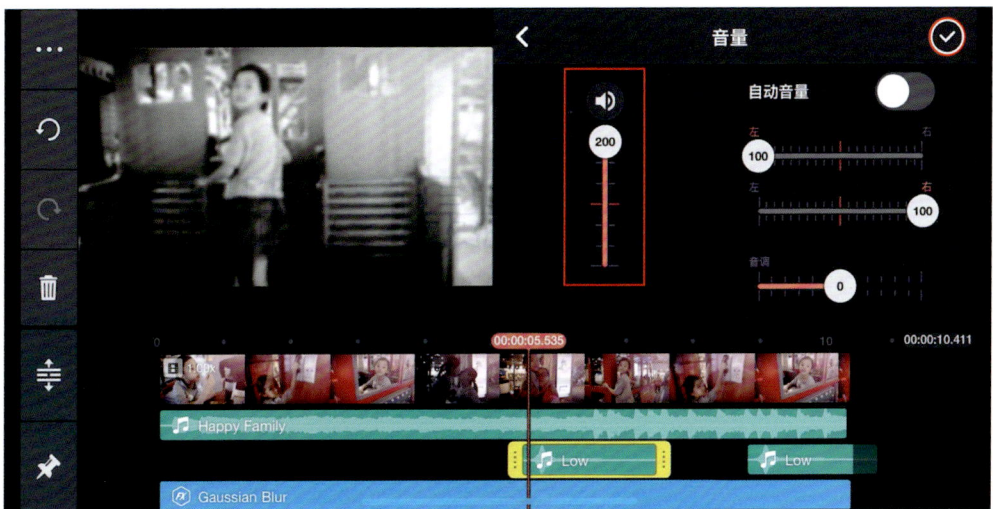

图15-111

添加视频和音频的淡入、淡出效果

点击一下空白地方，确认没有选择任何图层，如图15-112所示。

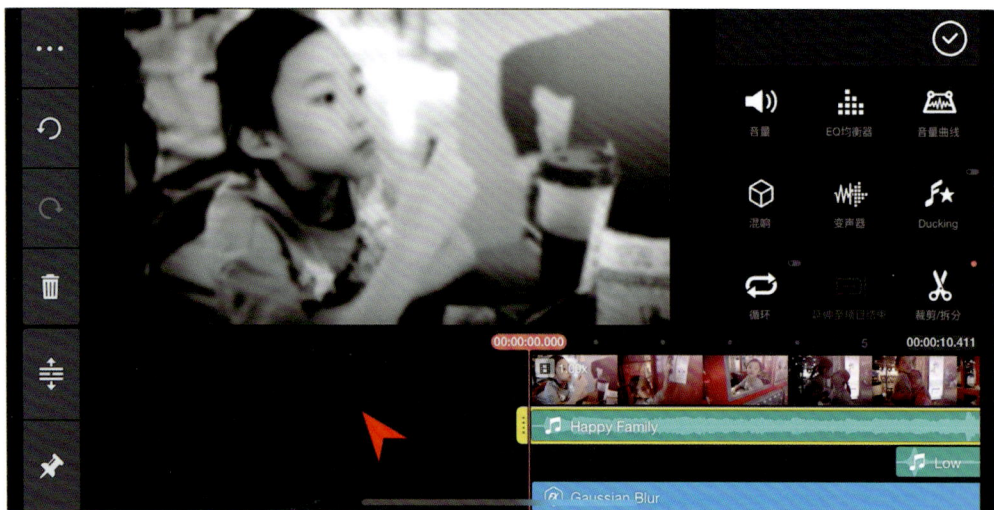

图15-112

点击左侧的设置按钮，如图15-113所示。

图15-113

点击"音频"按钮，打开"音频淡入"和"音频淡出"开关，如图15-114所示。

图15-114

点击"视频"按钮，打开"视频淡入"和"视频淡出"开关，将时长都设置为"2s"，点击"√"按钮如图15-115所示，返回剪辑主界面。

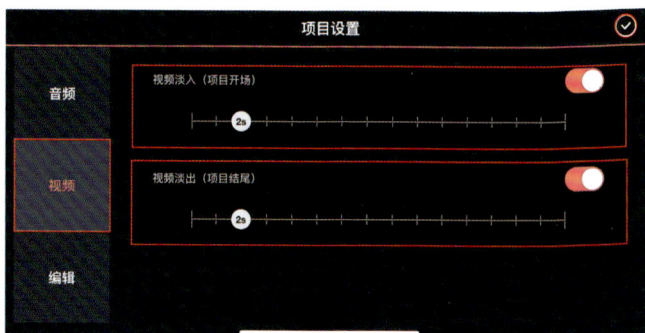

图15-115

到这里，整个片头基本上就制作完成了。最后点击界面右上角的导出按钮，如图15-116所示，设置"分辨率"为"FHD 1080P"，"帧率"为"30"，拖动滑块至"高质量"端，点击"导出"按钮，如图15-117所示，制作好的片头就被保存到手机相簿里了。

图15-116

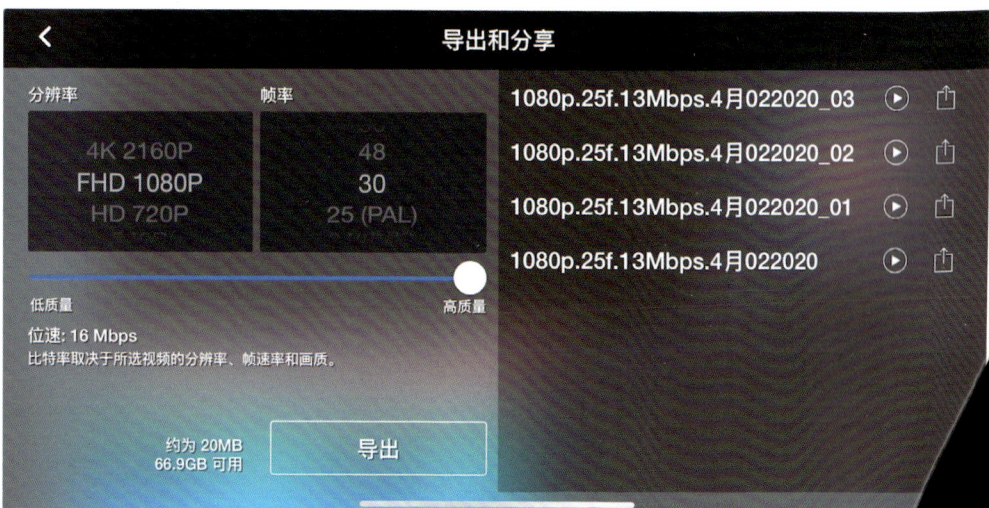

图15-117